모발 미용학의 이해

BEAUTY ART THEORY

모발 미용학의 이해

BEAUTY ART THEORY

류은주, 오강수, 지정훈, 정경숙, 최영희 공저

신아사

모발 미용학의 이해

들어가면서…

■ 미용지식에 대한 욕구는 미용 산업을 존재할 수 있게 하면서 학제간 도전에서의 잠재력을 키워나가는데 근원이 된다. 이러할 때 "모발 미용학의 이해"는 미용인으로서 소신 있는 현장 역할을 수행할 수 있는 지식이 된다. 미용학문에 대한 정진은 작업장에서 이루어지는 미용술을 객관화시키며 자신의 견해에 들어 있는 오류를 통해 사고와 인식의 수준을 끊임없이 상승시켜 준다. 현실적으로 미용기능사 국가시험에서도 미용사는 모발미용을 대변함으로써 기술을 갖는다. "미용사(피부)" 역시 표기에서와 같이 미용사와는 달리 피부관리(skin care)의 기술을 표현함으로써 미용사와는 구분된다. 따라서 미용에 관한 지식인 '미용학'은 미용사의 학문이다. 미용학이 미용사의 지식으로서 '미용학 개론'을 범주로 할 때 미용학 개론은 '모발미용'과 동일한 개념으로 통용된다.

이러할 때 "모발 미용학의 이해"는 제7장으로 구성된다.

제1장 '모발의 생태'로서 두개피발생의 근원인 두개피부 및 모아발생에 따른 세포의 분화를 통해 피부 부속기관을 살펴 볼 수 있다. 특히 각질 부속기관은 모발섬유의 발생생리로서 성장과 그에 따른 속도 등이 영양과 호르몬과의 밀접성을 갖는다.

제2장 '모발의 형태'는 3층 구조와 형상, 구성성분 등과

제3장 '모발의 미세구조'는 모표피, 모피질, 모수질 등을 현미경적 방법으로서 모발형태와 함께 두개피관련의 기본이 된다.

제4장 '모발의 화학적 성질'에서 펌과 염·탈색과 관련된 모발 케라틴 구조는 아미노산을 중심으로 설명된다.

제5장 '모발의 물리적 성질'은 건조성, 흡습성, 팽윤성, 열변성, 광변성, 대전성 등을 통해 성질을 고찰해 보았다.

제6장 '모발의 역학적 성질'은 역학의 기초지식인 탄성, 가소성, 점성, 점탄성 등과 모발강도와 신장 및 감촉과 고정 등으로서 물리적 성질과 함께 'wet hair styling'의 시술에 요구되는 기본지식을 깨닫게 해준다.

제7장 '모발의 손상·진단·처치' 등을 살펴봄으로서 두개피관리에 따른 시술과정의 중요성과 함께 미용학의 전주인 모발물질을 일깨워준다.

학(logy)은 화학적·현미경적으로 설명되어야 인정되듯 현재 미용학이 갖는 지식 또는 사회구조는 시대와 함께 변화되고 있다. 이와함께 모발에 관한 미세구조는 SEM을 통해 본서에 올리게 됨에 십여년 동안 미뤄왔던 일을 해결한 것처럼 편안한 마음이 든다.

이에 펌 또는 염·탈색 모발 SEM에 도움을 주신 김철중 선생님, 부산대학 기초과학연구실 연구원, 서울 대공원 영장류실, 일산 쭈쭈동물원 테마공원 홍도정 님에게 감사의 마음을 표한다. 아울러 많은 교정의 번거로움 가운데 수고를 아끼지 않고 예쁜 책을 만들어 주신 신아사 편집부 직원과 정현걸 대표자님께 감사드린다.

2009년 3월

저자 류은주, 오강수, 지정훈, 정경숙, 최영희 識

contents

모발미용학의 이해

contents

모발 미용학의 이해

1 2
3 4

1. 남자 30대 머리털
2. 새끼 사자털
3. 암컷 오랑우탄 가슴털
4. 암컷 퓨마 가슴털

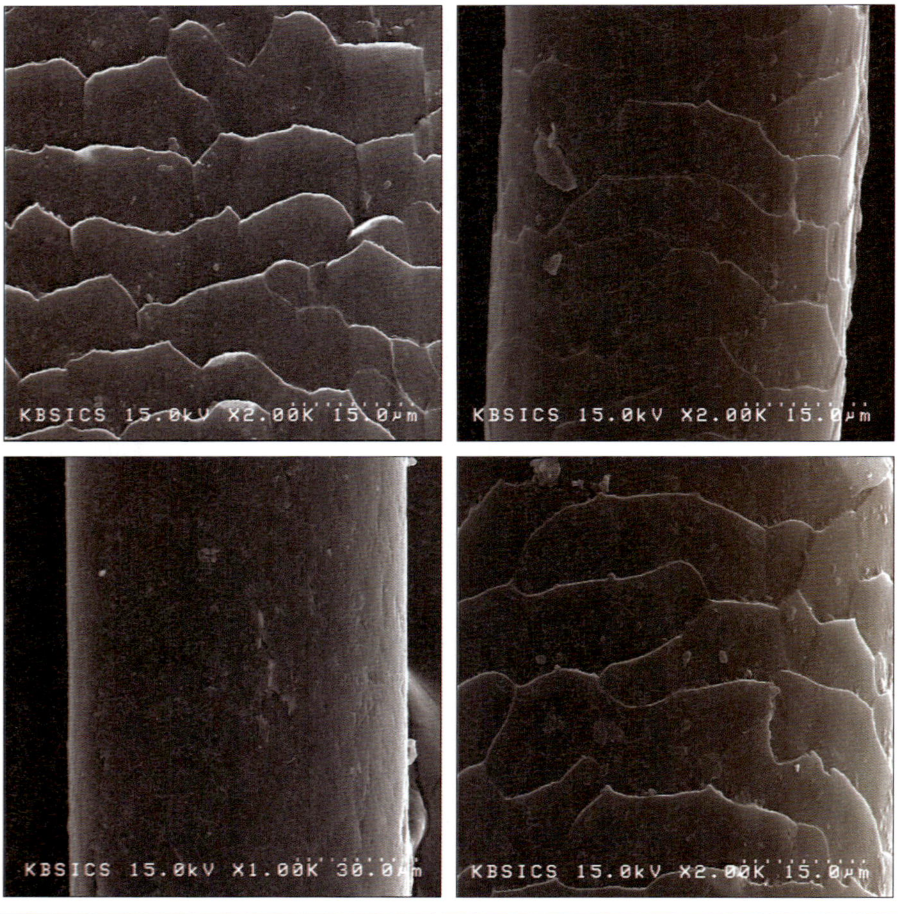

1 2
3 4

1. 남자 50대 다리 털
2. 오랑우탄털
3. 여자 50대 속눈썹
4. 여자 30대 머리털

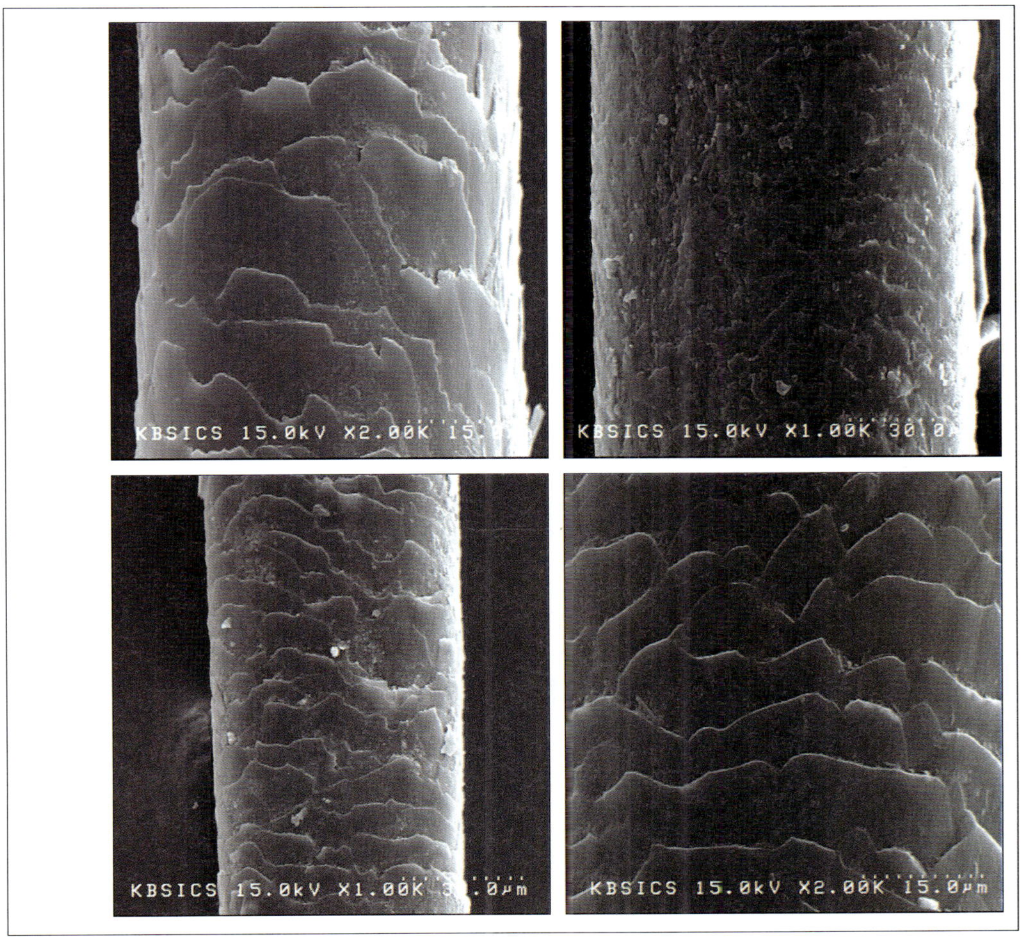

1 2
3 4

1. 여자 20대 눈썹
2. 여자 20대 눈썹 단면
3. 남자 70대 염색모
4. 남자 70대 염색모 단면

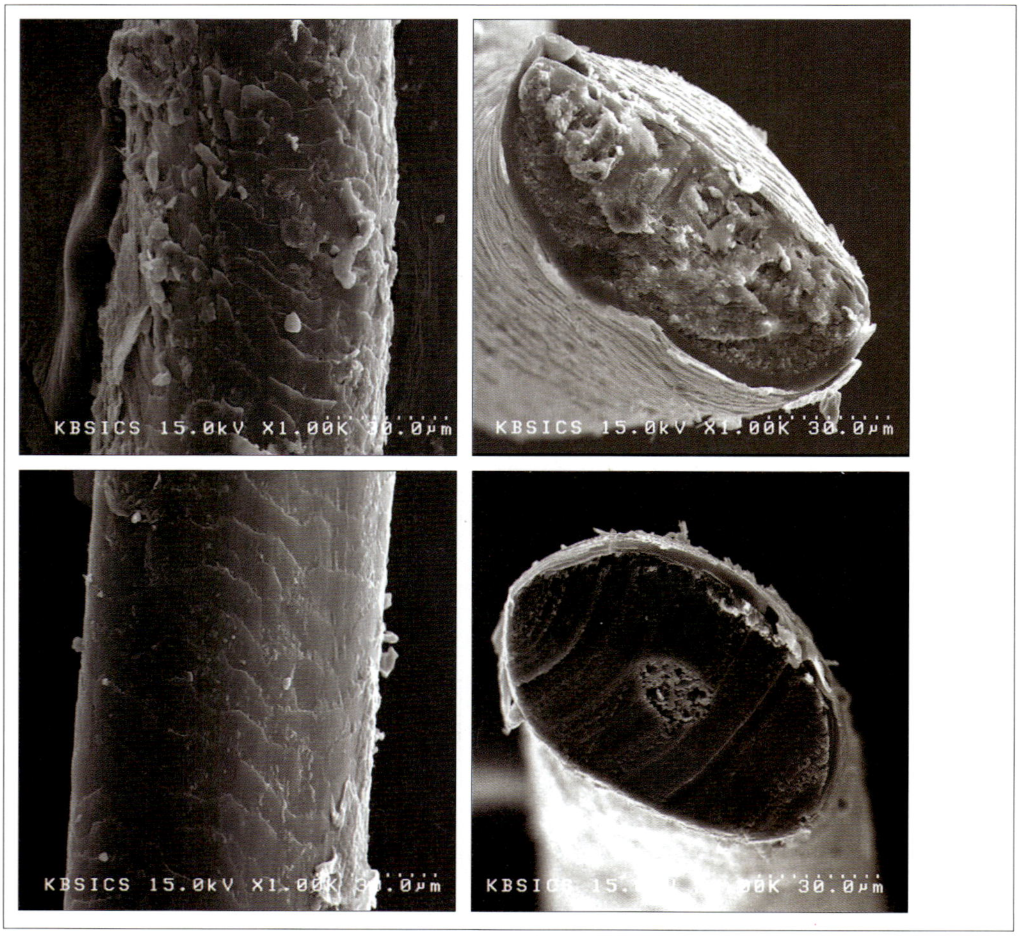

1	2
3	4

1. 남자 30대 눈썹
2. 남자 30대 코털
3. 여자 30대 액와모
4. 남자 50대 가슴털

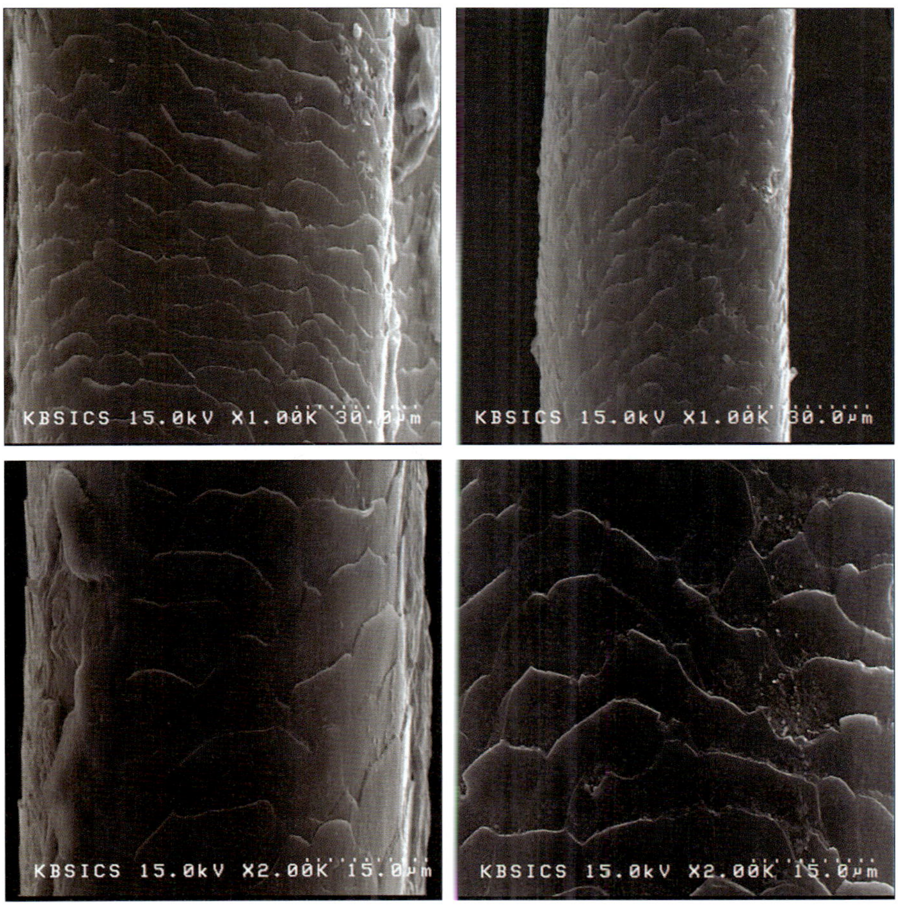

1 2
3 4

1. 남자 50대 흰머리 단면
2. 남자 30대 액와모 단면
3. 남자 50대 백모
4. 남자 50대 솜털

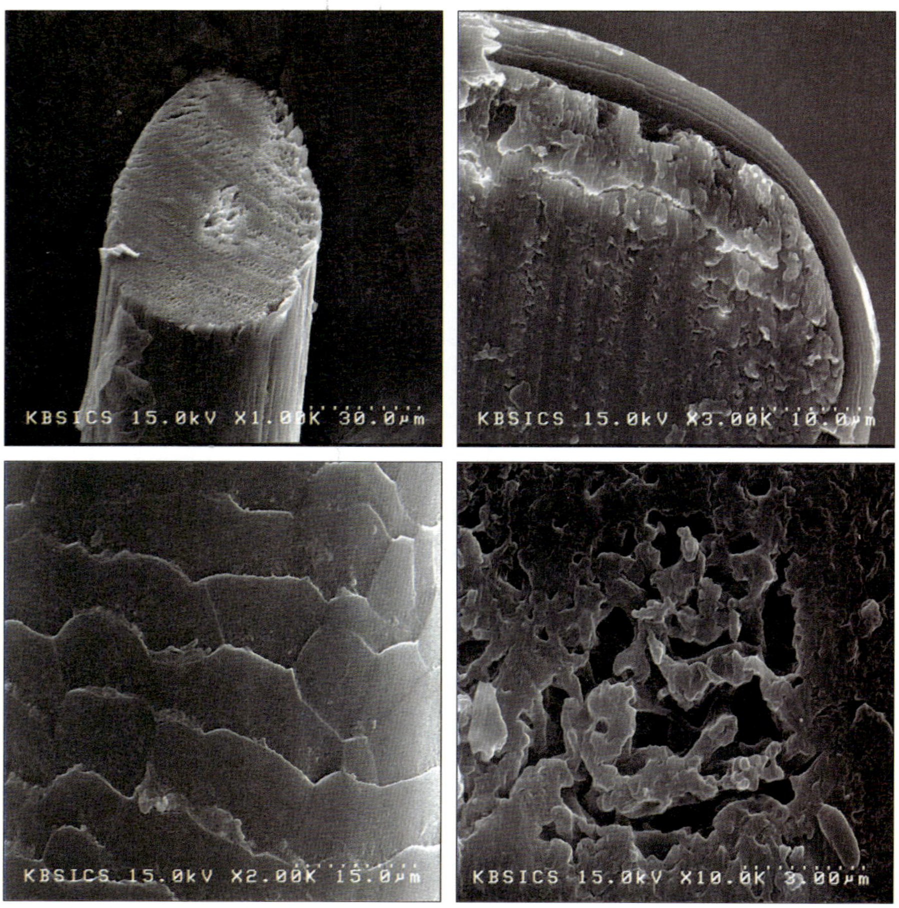

Thioglycolic acid 처리후 탈색모의 형태적 변화(시료처리 시간 20분)

1	2
3	4

1. 티오글리콜산 처리모
2. 탈색처리 1회
3. 탈색처리 2회
4. 탈색처리 3회

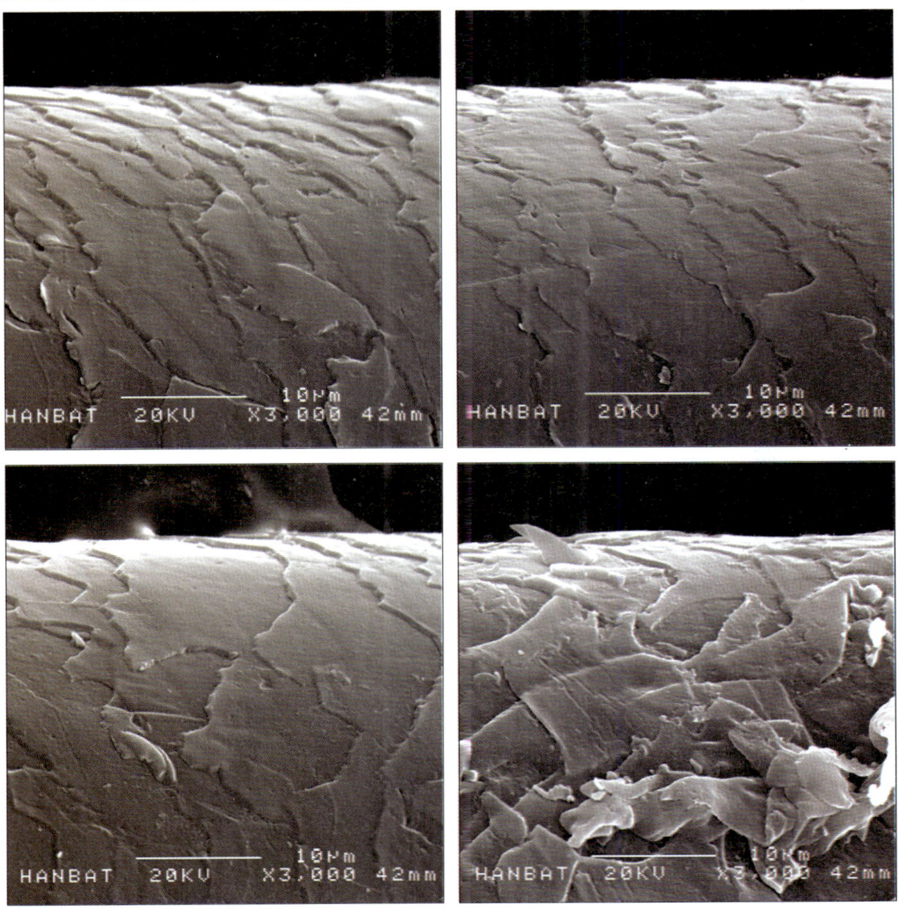

Cysteamine perms 처리후 탈색모의 형태적 변화(시료처리 시간 20분)

1	2
3	4

1. 시스테아민 처리모
2. 탈색처리 1회
3. 탈색처리 2회
4. 탈색처리 3회

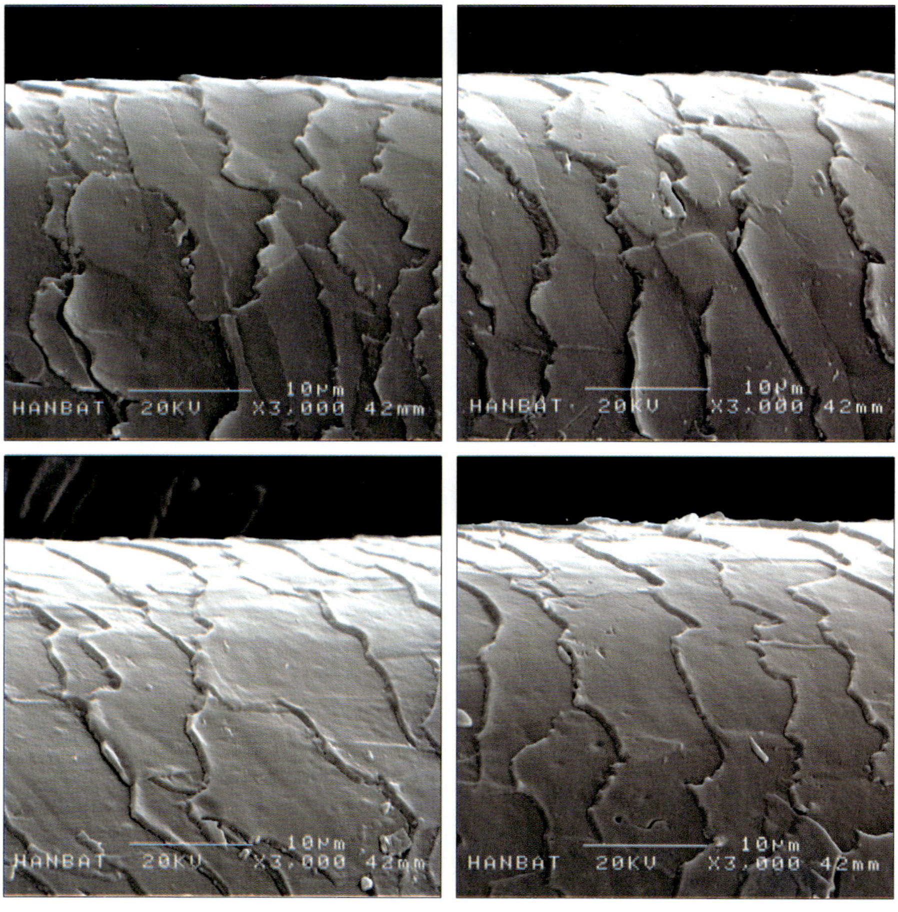

Cysteine 처리후 탈색모의 형태적 변화(시료처리 시간 20분)

1	2
3	4

1. 시스테인 처리모
2. 탈색처리 1회
3. 탈색처리 2회
4. 탈색처리 3회

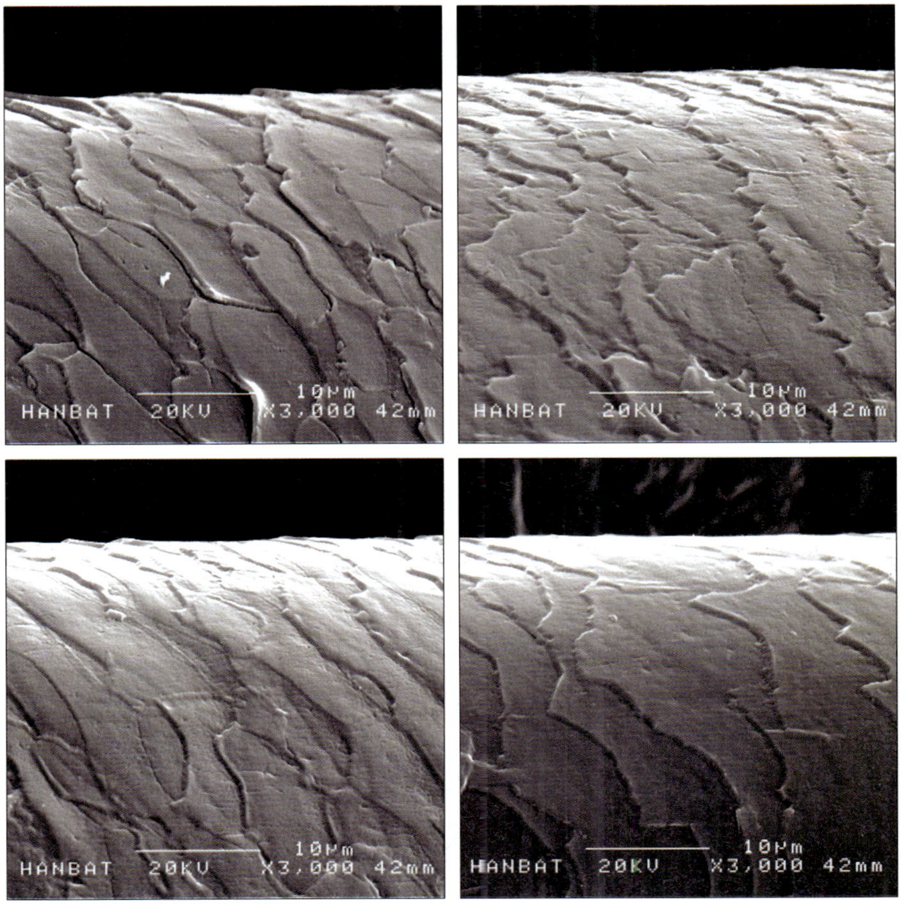

Thioglycolic acid 처리후 탈색모의 단면(시료처리 시간 30분)

1	2
3	4

1. 티오글리콜산 처리모
2. 탈색처리 1회
3. 탈색처리 2회
4. 탈색처리 3회

Cysteamine 처리후 탈색모의 단면(시료처리 시간 30분)

1	2
3	4

1. 시스테아민 처리모
2. 탈색처리 1회
3. 탈색처리 2회
4. 탈색처리 3회

Cysteine 처리후 탈색모의 단면(시료처리 시간 30분)

1 2
3 4

1. 시스테인 처리모
2. 탈색처리 1회
3. 탈색처리 2회
4. 탈색처리 3회

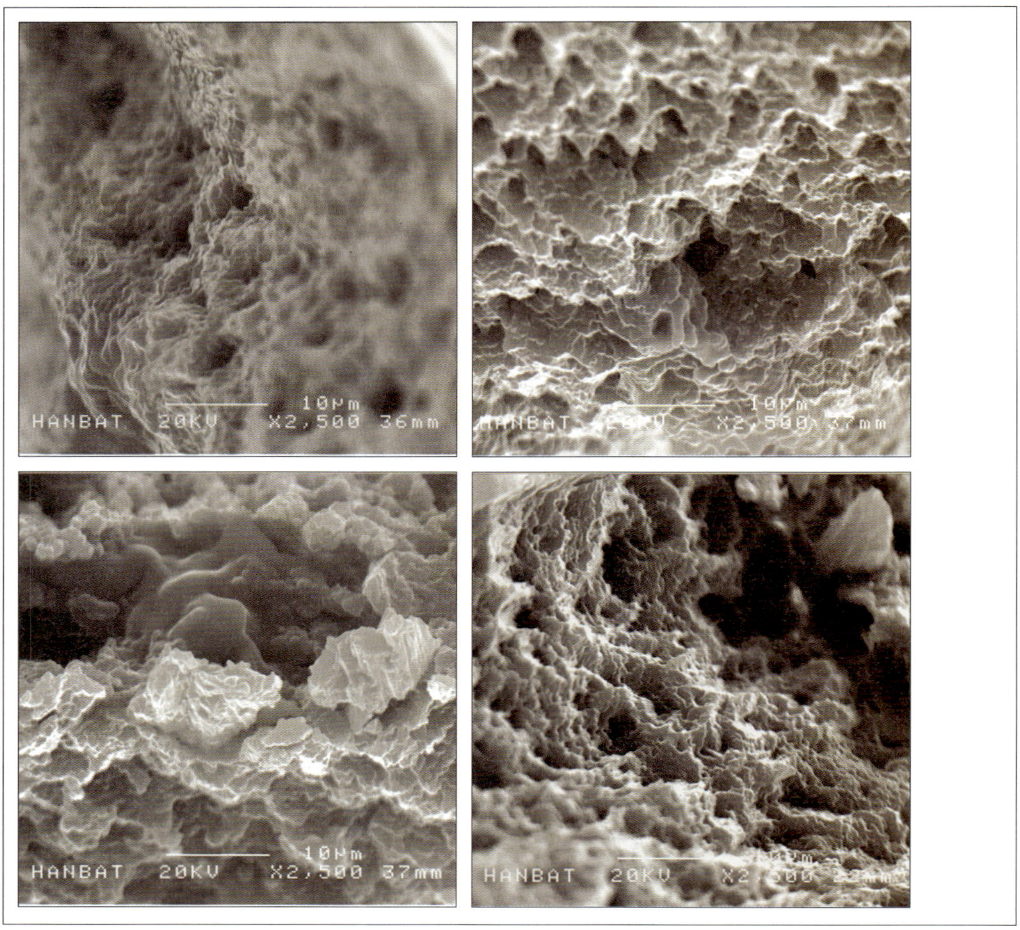

웨이브 용제 처리의 형태적(단면) 변화(시료처리 시간 30분)

1	2
3	4

1. cysteamine perms 탈색 2회 30분
2. cysteine perms 탈색 2회 30분
3. thiog ycolic perms 탈색 2회 30분
4. thiog ycolic perms 탈색 3회 30분

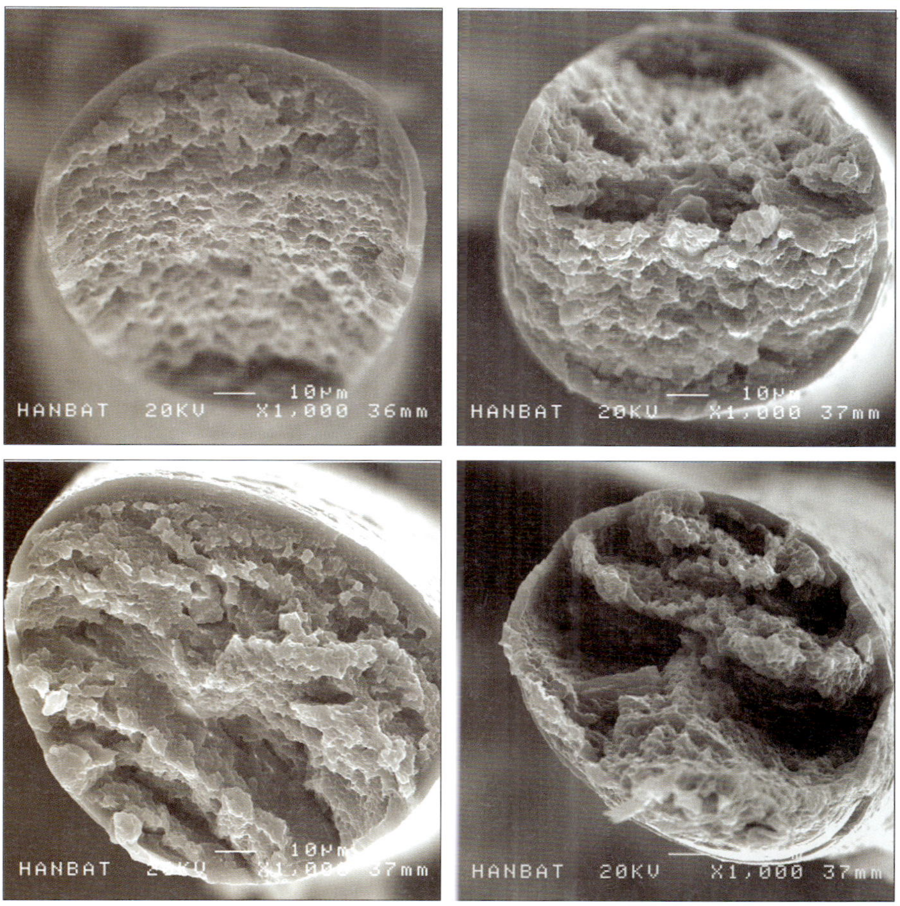

웨이브 용제 처리의 형태적(단면) 변화(시료처리 시간 30분)

1	2
3	4

1. thioglycolic acid 탈색 2회
2. thioglycolic acid 탈색 2회
3. cysteamine perms 탈색 2회
4. cysteine perms 탈색 2회

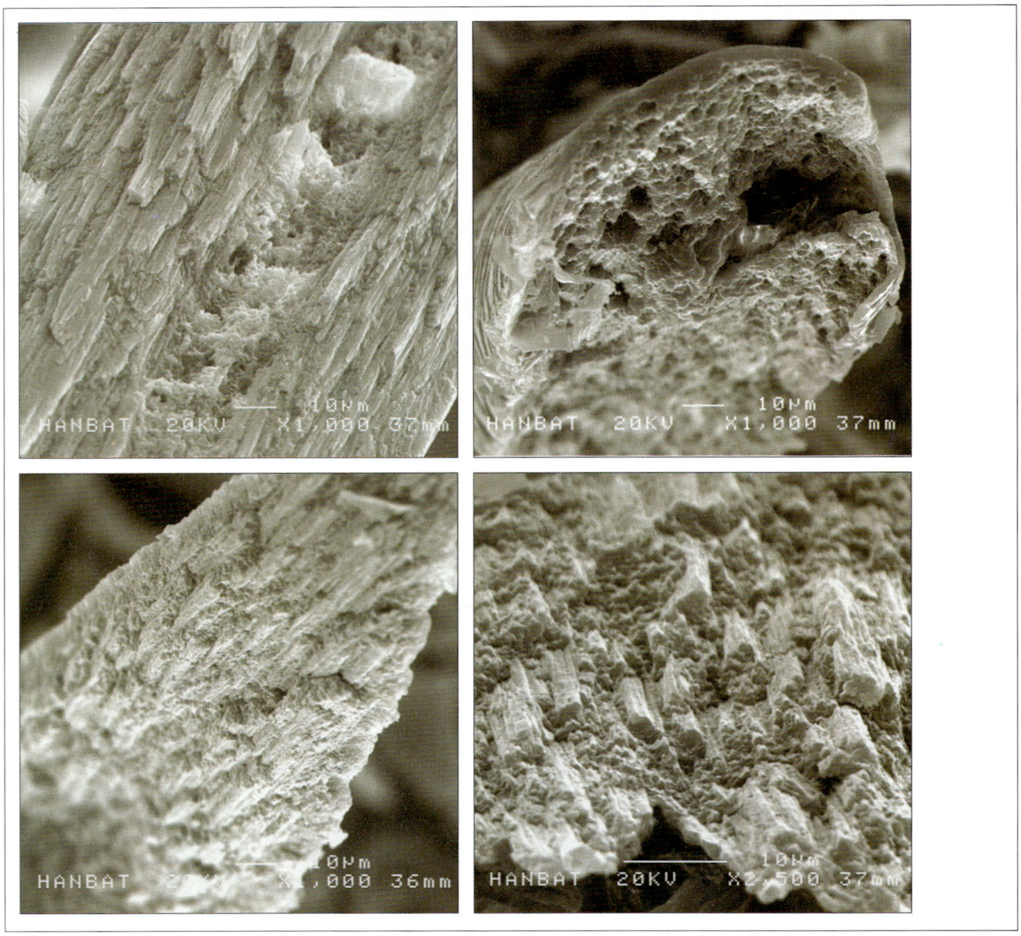

1

제 I 장　모발 생리

인간은 태어날 때부터 뇌에 대한 이중, 삼중의 보호장치 조직인 두개피가 있다. 뇌에 충격이 가해질 때 일차적으로 두개피내 모발이 그 충격을 덜어주고 이차적으로 두개피부가 흡수해 버린다. 이는 자외선처럼 강한 열이나 빗물, 먼지, 살을 에이는 듯한 추운 바람 등이 직접적으로 뇌에 닿지 못하도록 두발이 두개피부를 보호해 주고 두개피부가 다시 뇌를 보호해 준다.

1. 두개피 생리

두개골인 뇌두개와 얼굴의 안두개 및 경추인 목을 중심으로 이루어진 머리(head)에는 머리가죽인 두개피(scalp)가 있다. 두개피는 두개피부(head skin)와 두발(capillus, scalp hair)을 포함한다.

1) 두개피부 및 모아 발생 (Head skin and a generation of hair bud)

인체에 있어서 두개피부 및 모아에 관한 발생의 근간은 태내 3~8주째의 배아기와 태아기로 나누어 설명된다.

(1) 수정란(fertilized egg)

난자와 정자로 이루어진 수정란은 단세포로부터 시작하여 더 작은 세포들을 계속 만들어 내는 세포분열 과정을 거친다. 이러한 세포분

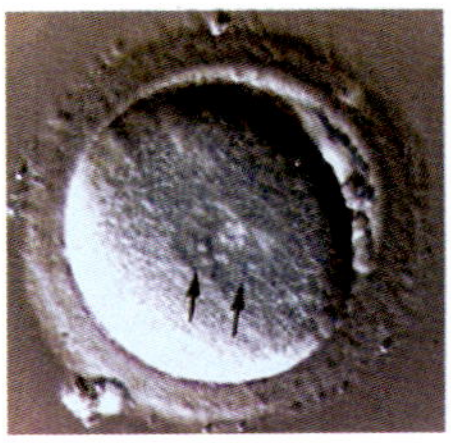

〈그림 1〉 수정란

열들은 알을 단순하게 계속 나누어 작은 세포들의 군집을 만듦으로서 초기 배아를 형성시킨다.

(2) 포배기(blastocyst stage)

초기 배아 분할을 통해 몇 시간 내에 속이 빈 공 모양에 수정란이 배열됨으로서 포배(胞胚, germinal)가 형성된다. 포배 형성 시 초기 배아에서는 장, 뼈, 근육 등이 세포군 포배의 표면에 존재한다.

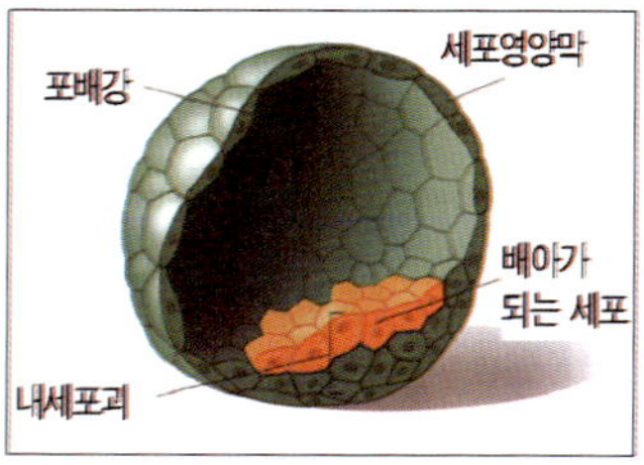

〈그림 2〉 포배기

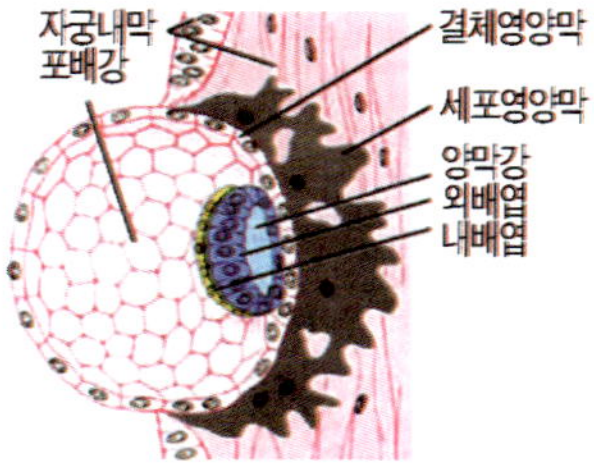

〈그림 3〉 초기 배아기(수정 후 7일)

(3) 낭배기(gastrulation)

세포 모양이 변하여 나타나는 동물의 형태는 포배기 바로 다음 단

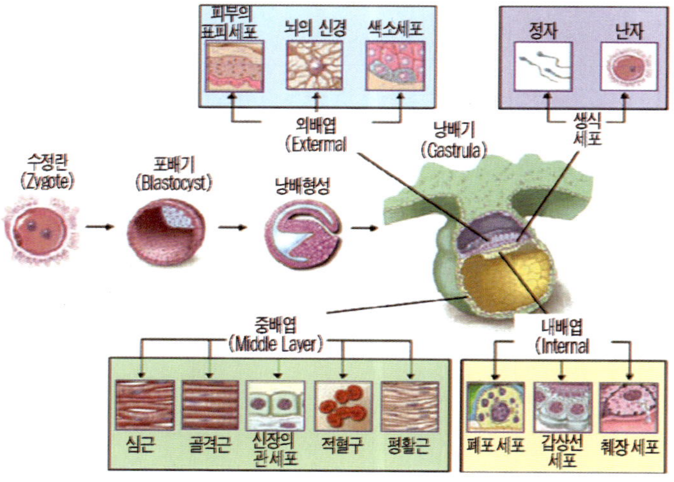

〈그림 4〉 신체 조직 분화

계인 낭배기이다. 낭배기는 동물의 개체 발생 초기 단계로서 안팎 이중 세포층이 생겨 주머니 모양인 낭배 형성과정을 거친다. 낭배 형성 시 바깥쪽 세포들은 배(胚)의 안으로 이동한다. 낭배기 말기에는 이동된 성체 내에서 스스로 적절한 위치를 취함으로써 주된 신체 윤곽(body plan)을 형성시킨다.

① 내배엽(endoderm)

난황 부분의 내배엽에서는 소화기계 계통의 소화관 점막상피와 소화선 상피, 호흡기 점막상피, 요로의 점막상피, 이관 인두, 갑상선 등으로 분화된다.

② 중배엽(mesoderm)

골격(뼈)이나 연골, 평활근의 근육과 결합조직, 혈관과 혈액, 진피, 지방세포, 심장, 림프관, 비장, 비뇨기 및 생식기, 장막상피, 모유두 등은 초기 배아의 중간 부분인 중배엽에서 분화된다.

③ 외배엽(ectoderm)

신경계에 따른 뇌, 피부의 표피, 모발, 손 · 발톱, 피부선인 한선, 피지선, 유선, 색소형성세포, 감각계 등은 초기 배아의 윗부분인 외배엽에서 발생된다.

(4) 신경형성기(neurulation)

낭배기 다음 단계인 신경형성기에서는 배아의 주된 형태 변화를 초래한다. 형태 변화는 세포층 접기 계보로서 신체 예정 배역도(fate map)와 같은 일종의 퍼즐 과정을 갖는다.

2) 두개피 조직(Scalp tissue)

(1) 두개골 구조

낭배 형성기 시 외배엽에서 발생되는 두개피부는 방수성 및 탄력성이 있는 단단한 외피와 그 아래 외피를 지지하는 진피, 피하지방 조직으로 구성되어 있다. 두개피 가장 내측의 뇌를 감싸는 두개골 사이에는 결합조직, 두개건막이 구성되어 있다.

〈그림 5〉 두개피부 구조

① 두개골(頭蓋骨, skull)

1개의 뼈로 보이는 두개골은 실질적으로는 22개 뼈로 구성되어 있다. 반구형을 갖는 뇌두개(neurocranium)는 뇌를 둘러싸는 8개의 뼈와 안면골(facial bones)인 안면부를 구성하는 14개의 뼈로 구성된다. 따라서 두개골의 형상은 뇌두개(cranium)와 안면 두개(facial bones) 크기의 비례로서 얼굴형을 나타낸다. 이러한 두개골은 뇌, 시각기관, 평형청각기관 등을 보호하며 생명유지에 필요한 소화 및 호흡과 관련된 구강 및 비강내의 구조들을 포함한다. 모발미용에 있어서 두개피 육모에 관련된 두개(頭蓋)는 두개골, 두개건막, 결합조직으로 구성되어 있다. 특히 두개골의 뇌두개는 크게 4부분으로 살펴볼 수 있다.

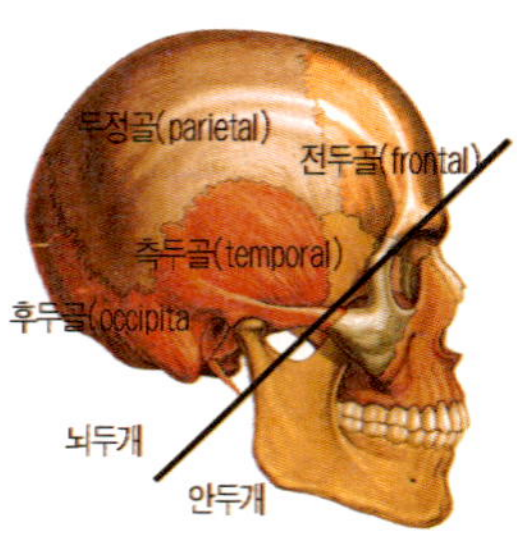

〈그림 6〉 두개골의 구조

ㄱ. 전두골(frontal bone)

두개골 앞면 이마에 있는 조개 모양으로 생긴 한 개의 전두개로서 얼굴과 두발 경계선인 발제선을 포함한 두개피내의 전발(前髮)이 존재한다.

ㄴ. 두정골(parietal bone)

두개골 윗면 좌우 한 쌍 머리뼈의 윗벽을 이루고 있는 사각형 접시 모양 납작뼈이다. 따라서 4개의 모서리(margin)와 4개의 각(angle)이 있다. 모발 조형에 있어서 곡(髷)을 포함한 전발, 양빈, 포의 경계 부분을 갖는 두개폭에서 가장 넓은 영역(zone)과 함께 두정융기로서 가장 높은 단계(level)를 갖는다.

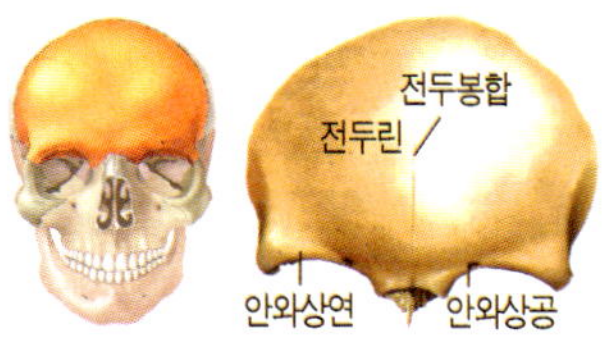

〈그림 7〉 전두골

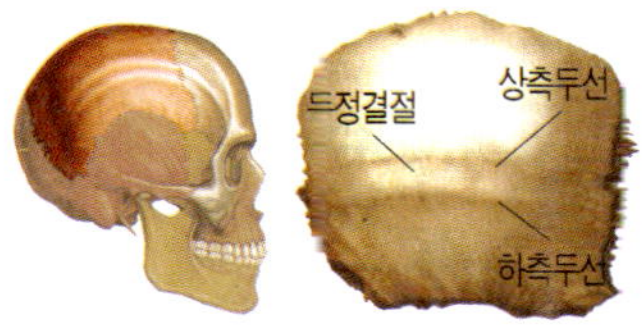

〈그림 8〉 두정골

ㄷ. 측두골(temporal bone)

두개골 옆면 좌우 한 쌍으로 두개골 외측 안쪽 두개 측면 중앙에 있는 복잡한 형태의 뼈로서 얼굴 측면 발제선(face line)을 포함한 두개피내 양빈(兩鬢)이 존재한다.

ㄹ. 후두골(occipital bone)

두개골 뒷면 뒤통수 부위에 있는 마름모꼴의 뼈로서 주로 후두비늘이 관찰되며 위쪽에는 좌우의 두정골이 있고 외측에는 측두골의 유돌기가 관찰된다. 후두골 뒷면 중앙부에서는 바깥 후두융기가 있다. 이는 가장 두드러진 부위로서 뒤통수점(inion, back point)이라 하며 두개골 계측에 있어서 중요한 기준점이 되기도 한다. 이 부분은 목선(nape line)과 목옆선(nape side line)을 경계선으로 하는 두개피내 포(髱)가 존재한다.

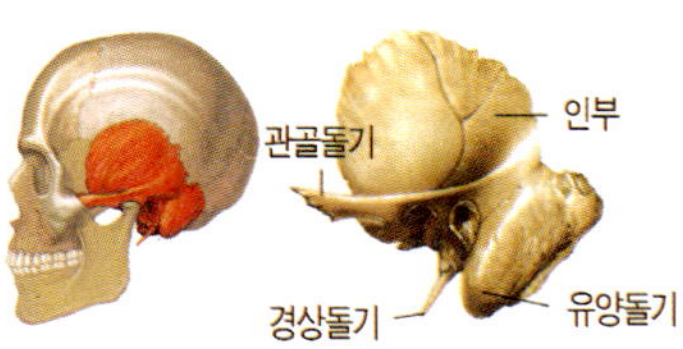

〈그림 9〉 측두골

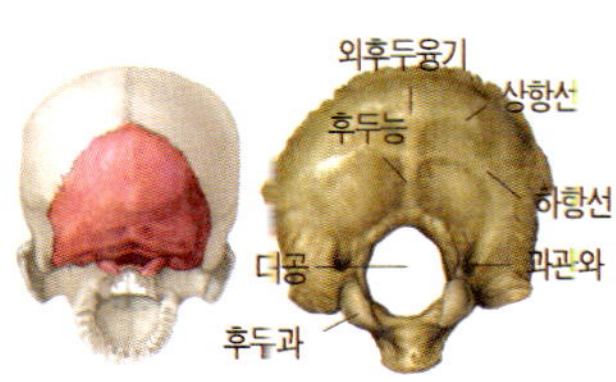

〈그림 10〉 후두골

(2) 결합조직(結合組織, connective tissue)

인체 외피 또는 몸 내부 장기의 상피조직 아래 분포된 결합조직은 기질, 섬유, 세포 등 3가지로 구성되어 있다. 즉 세포들이 드문드문 흩어져 있으며 세포간 물질이 무정형의 기질로서 세포 사이를 폭넓게 채우고 있음을 나타낸다.

(3) 두개건막(腦膜, meninges)

두개건막은 경막, 지주막, 유막의 3중 뇌막으로서 두개골(頭蓋骨)을 보호하고 있다. 지주막과 유막 사이에는 수액이 들어 있어 외부로부터 충격이 뇌에 직접 도달하지 못하게 되어 있다.

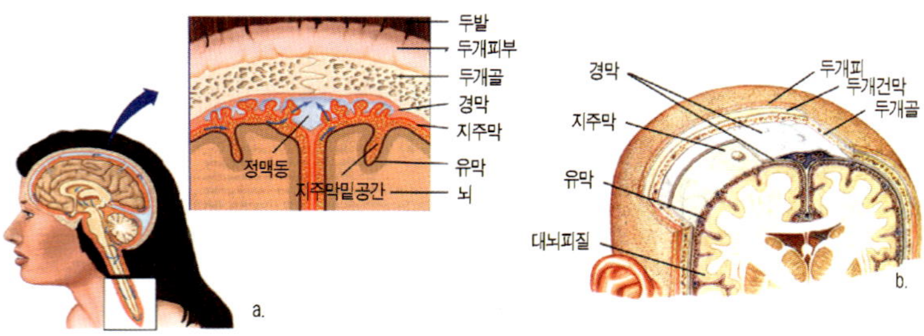

〈그림 11〉 두개건막과 두개골의 구조

① 경막(硬膜, dura mater)

두개골 안에서 뇌의 바깥쪽을 둘러싸고 있는 경막은 척수를 둘러싸고 있는 수경질막(dura mater spinalis)과 연속되어 있다. 뇌경질막인 경막은 두개골에 단단히 부착되어 있기 때문에 두개골의 골막(periosteum)과 융합되어 있어 이 두 층을 분리하기가 쉽지 않다.

② 지주막(蜘蛛膜, arachoid membrane)

지주막인 거미막은 섬유모세포(fibroblast)의 세포질 돌기와 약간의 결합조직 섬유로 구성되어 있으며 혈관이 없는 얇은 결합조직막이다.

③ 유막(柔膜, pia mater)

유막은 외연질막으로서 혈관을 많이 함유한 성긴 결합조직막(loose connective tissue membrane)으로 뇌 실질의 표면에 부착되어 있다.

3) 두개피부 분화(Head skin differentiation)

두개피는 두개골의 체표를 덮고 있는 두개외피를 구성하는 피부 조직이다. 이는 물리 · 화학적인 방법이 가해지는 외계로부터 뇌를 보호하는 동시에 전신대사에 필요한 생화학적 기능을 영위하는 생명유지에 불가결한 기관이다. 두개외피(integument)는 집합적으로 표피라고 불리는 일련의 세포들로서 투명층을 제외한 얇은 피부로 구성되어 있다. 이는 초기 두개피부와 모아 발생을 갖는 후기 두개피로 분화과정을 나눌 수 있다.

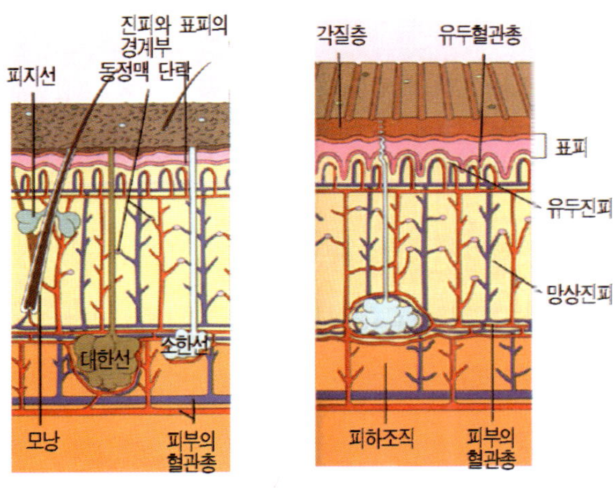

〈그림 12〉 얇은 피부와 두꺼운 피부

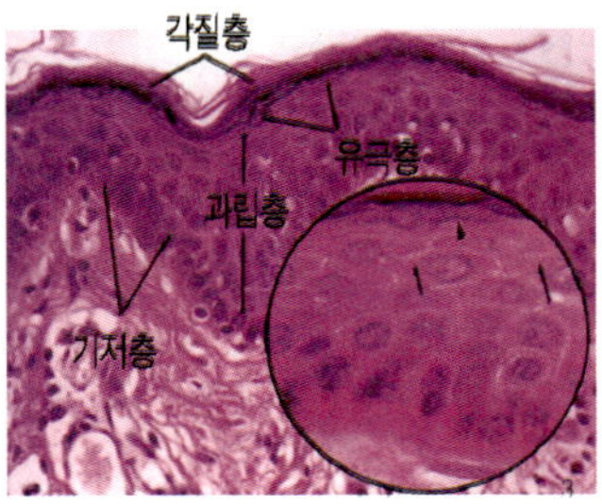

〈그림 13〉 투명층이 없는 피부

(1) 초기 외배엽판

표피 기저층인 배아층과 중간층인 말피기층 양막의 일부는 발육과 함께 탈락되는 주피층으로 형성된다. 이러한 초기 두개피부는 태생 6~7주(55~57일)에 배아로서 태아 표피층(periderm layer)을 이루는 한 층의 외배엽 세포로 구성된다.

(2) 후기 두개피

초기 외배엽판 형성에 따라 피부 기저층 세포들이 증식하여 두꺼워짐으로써 3~5층의 중간층이 배아층과 태아 표피 사이에 형성된다. 이때 모아(hair bud)가 발생되며 모아층은 태생 12~14주에 초기 두개피부가 분열됨으로써 가장 아래쪽에서 배아층, 중간층 그리고 주피가 구성되어진다.

(3) 두개피부층

세포분열이 활발한 기저층(stratum basal)에서 유래한 중간층(intermediate layer)과 태아 표피로써 3층이 구성된다. 중배엽에서 발생되는 진피의 유도에 따라 완성 표피가 됨으로써 초기, 후기 두개피 형성을 바탕으로 두개피부 조직은 표피, 진피, 피하조직의 구조를 갖는다.

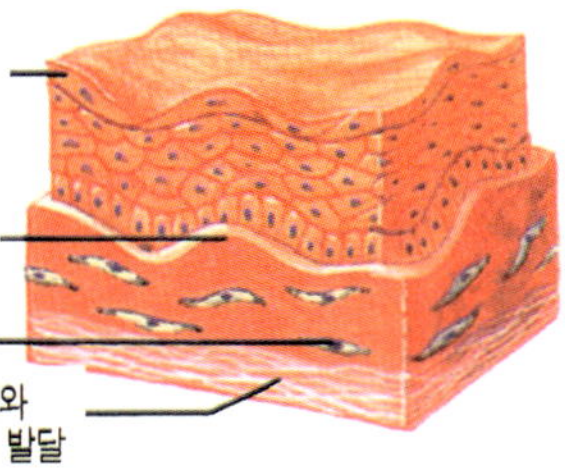

〈그림 14〉 태아기 11주 경 두개피부

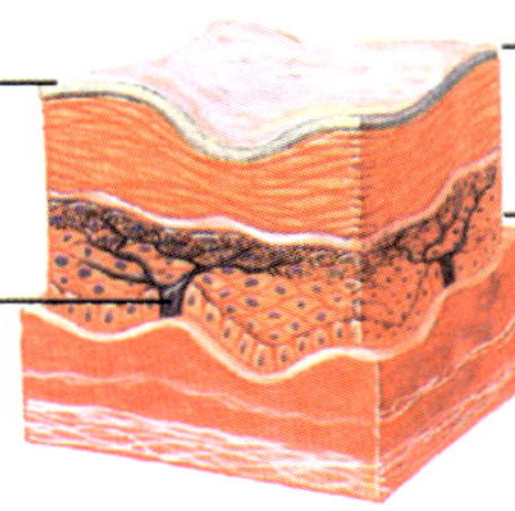

〈그림 15〉 출생 시 두개피부

4) 모낭세포의 분화 (Differentiation of hair follicle cell)

세포의 근본은 같은 것이나 기능에 있어서 피부의 일부는 다른 근육 또는 혈관과 같은 형태의 세포로 바뀌어가듯이 모든 동물체 발생 과정 또한 하나의 세포인 수정란으로부터 증식, 성장, 분화를 기초로 한다. 모아 발생 역시 피부 발생과 같은 시기 표피 각질형성세포와 진피의 섬유아세포간 복잡한 상호작용에 의하여 일어나는 것으로 알려졌으나 정확한 기전은 밝혀져 있지 않다.

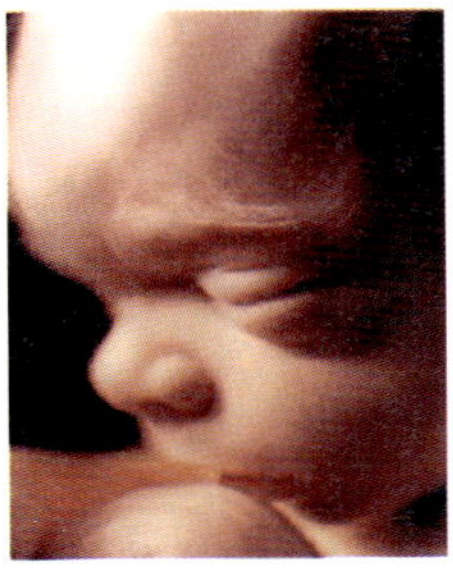

〈그림 16〉 모발의 발아

(1) 모낭발생

외배엽판→ 전모아기→모항기→ 모구성 모항기 과정을 통해 완전한 모낭이 5단계로써 형성된다.

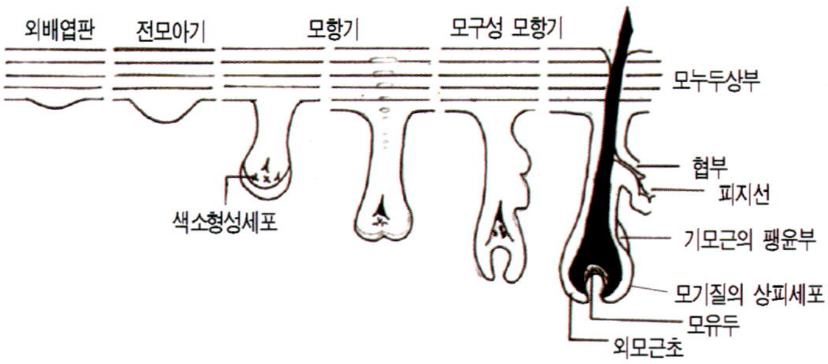

〈그림 17〉 모낭의 배아 발생

① 외배엽판(ectoderma placode)

모낭의 발생 부위에서 처음으로 관찰되는 움직임의 변화는 외배엽판부터이다. 모낭세포 분화 형성에서 모아 형성 개시 단계인 외배엽판은 배아층 세포와 주피 2층으로 구성된다.

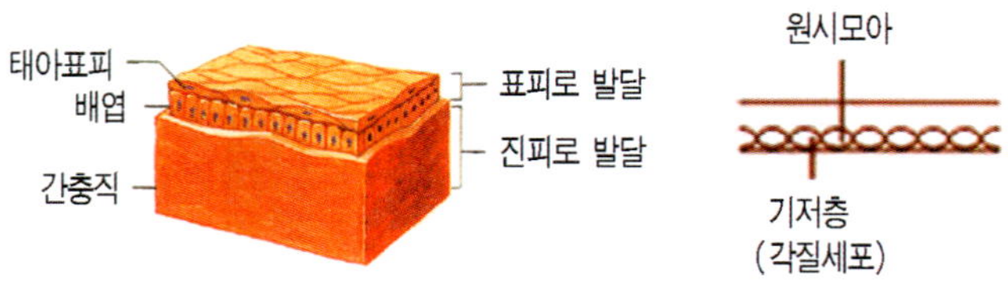

〈그림 18〉 배아 7주째 외배엽판

② 전모아기(primary hair germ stage)

표피 배아층이 진피쪽으로 볼록해지면서 진피 중간엽 세포의 응축(mesenchymal cell condensation)이 일어난다. 즉 진피층으로 침입하는 단계를 전모아기라 한다.

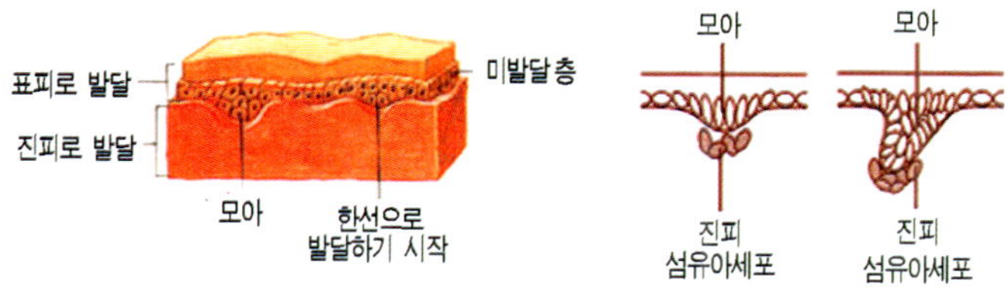

〈그림 19〉 배아 12주째 모아기

③ 모항기(hair peg stage)

볼록해진 표피가 아래쪽으로 증식하여 내려오며 그 끝에는 모유두(dermal papilla)를 이루려하는 중간엽 세포들이 보인다. 모항기 진행 후 기둥의 끝은 약간 둥글어지며 중앙부에 요철이 형성된 요철 속에는 간엽계의 모유두가 안착된다. 모낭 기둥 후면에 두 개의 세포집단이 부풀어 있어 상부에는 피지선의 근원, 하부에는 팽윤부로 초기 퇴화와 함께 기모근(起毛根)이 부착되는 장소이다.

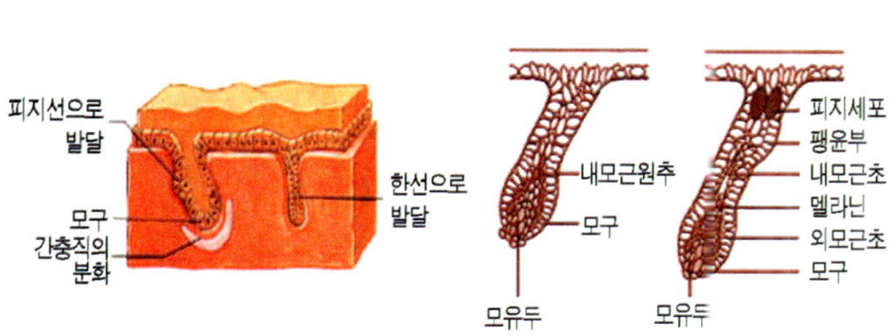

〈그림 20〉 태아 15주째 모항기

④ 모구성 모항기(bulbous hair peg stage)

모낭 돌출 끝의 모기질(hair matrix) 부위가 모유두를 둘러싸기 위하여 볼록(hair bulb)해진다. 또한 이 시기에 피지선과 기모근의 부착 부위가 팽창된다. 모항기 이후 형성된 모구성 모항기에서는 모근 팽윤에 따른 모구부가 둥그렇게 형성되는 단계와 함께 모낭 중심부에 모추가 형성된다.

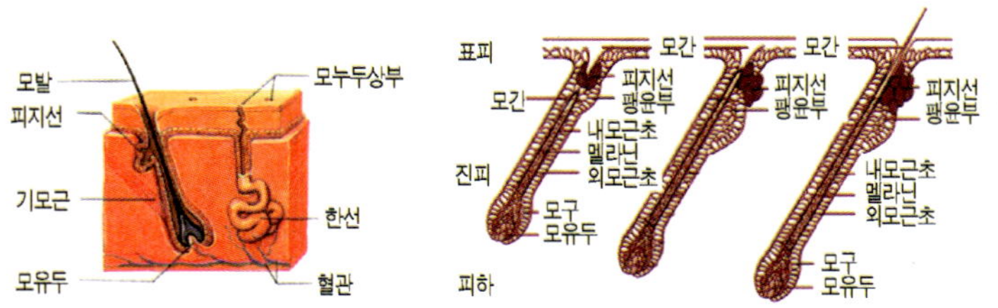

〈그림 21〉 모구성 모항기

⑤ 모낭 형성

모기질 세포의 분열이 끝나면서 분화가 시작되고 내측모근초와 모발을 형성하게 됨으로써 완전한 모낭이 구성된다.

(2) 모낭변이(follicle conversion)

인간 삶에 있어서 모주기(hair cycle)에 따른 두개피 모발의 종류는 성장과정에 따른 굵기로서 7번 변화된다. 이는 취모(毳毛), 연모(軟毛), 중간모(中間毛), 경모(硬毛), 세모(細毛) 등의 형태로 구분된다. 태내에서 생긴 산모(産毛)인 취모는 가장 먼저 얼굴의 안면에서 발견되며 모태 4~5개월까지 전신에 발모된다. 탄생이 가까워지면 새로운 취모로 바뀌어 탄생한다. 신생아의 취모는 모수질이 없고 부드러우며 멜라닌 색소가 적은 갈색의 색상을 띠는 배냇머리로서 생후 5~6개월쯤 경모인 중간모로 바뀐다. 중간모(intermediate hair)는 사춘기 이후 2번의 모주기가 되풀이되는 경모로서 모낭 축소화가 갖는 노화현상에 의해 세모로서 연모화 된다.

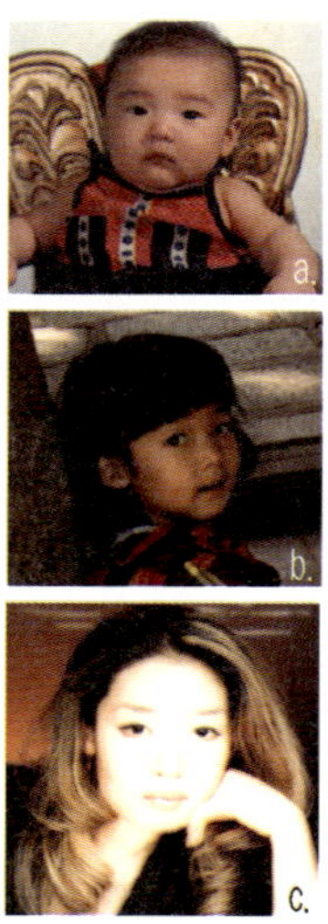

〈그림 22〉 a: 연모
b: 중간모 c: 경모

(표 1) 모낭의 변이

모발의 종류 (type of hair)	유아기 모발 중간모	유년기 모발 1차 경모	사춘기 이후 모발 2차 경모	세모
나이	1세 이하	1~12세	13세 이상	30세 이상
최대 길이(㎝)	15	60	100, 1m, 1m 이상	0.1
최대 직경(㎛)	20	60	30~120	4㎛ 혹은 더 가늘거나 얇음
색소	경모와 연모의 중간 정도의 온화한 색소가 있음		짙고 어두운 색소	옅은 색소
모피지선(psu)	-	하나의 모발에 하나의 모피지선		경모보다 가는 모발에 모피선은 발달됨
모주기	-	3~8년의 생장기로서 긴 모주기를 갖음		90% 이내 퇴화기로서 모주기가 짧음

2. 두개피부 조직

두개피부는 얇은 피부로서 표피, 진피, 피하지방층과 부속기관 등으로 대별된다. 두개피부층의 세포구조는 중층편평상피로서 두꺼운 피부는 0.8~1.4㎜, 얇은 피부는 0.1~0.2㎜ 두께를 갖는다.

1) 표피(Epidermis)

두개피 내 표피층은 상피조직의 얇은 피부층으로서 혈관이 분포되어 있지 않다.

(1) 두개표피 세포층

표피층 구조는 각질, 과립, 유극, 기저층으로 분화된 투명층이 없는 얇은 피부이다. 이 층은 살아있는 세포와 죽어있는 세포의 잔여물들과 함께 지속적인 세포 재생을 갖는다.

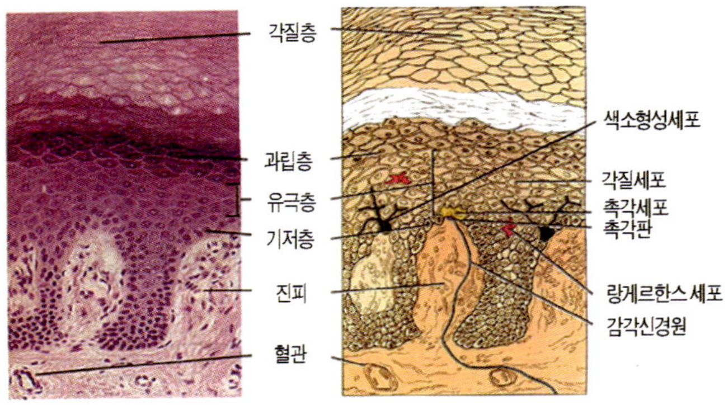

〈그림 23〉 외피의 구조

① 기저층(stratum germinativum, basallayer)

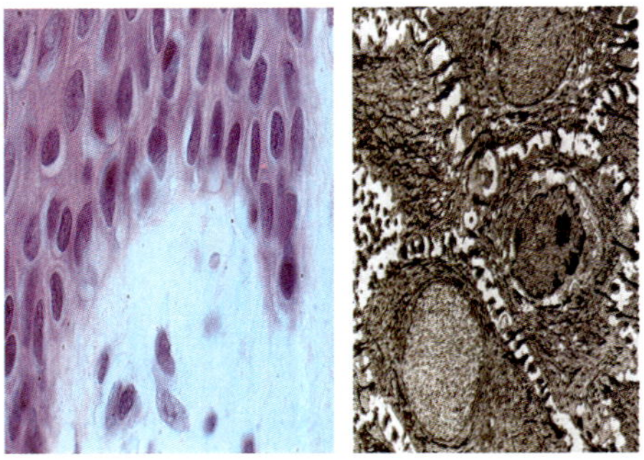

〈그림 24〉 기저세포

- 표피의 최하층 기저세포(basal cell)에서는 새로운 상피세포인 표피세포를 만들어낸다.
- 진피유두와 표피 기저와의 경계표면 돌기에 분포된 모세혈관으로부터 영양을 공급받는다.
- 핵이 있는 원주형 또는 입방형 세포인 모기질 기저막대(basement membrane zone,matrix ring)로서 기저대를 이룬다.

② 유극층(spinous layer, prickle layer)

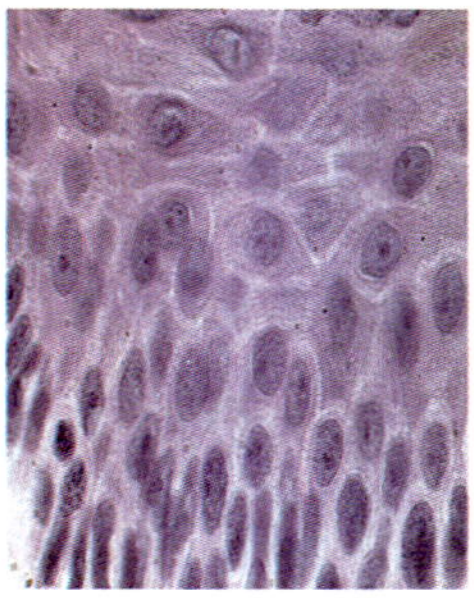

〈그림 25〉 유극층

- 유극층은 가시층, 극세포층이라고도 하며 세포 분열을 일으켜 피부 바깥쪽으로 이동하면서 분화하게 된다.
- 5~10층으로 구성된 가시세포(prickle cell) 돌기가 세포간교 즉 교소체(desmosome)로 연결되어 있다.
- 유핵세포로서 불규칙한 다각형이며 피부손상이 심할 경우 세포 분열이 일어난다.
- 유극세포 사이에 림프액이 순환하고 있어 노폐물 배출, 피부의 피로 회복에 관여한다.

③ 과립층(granular layer)

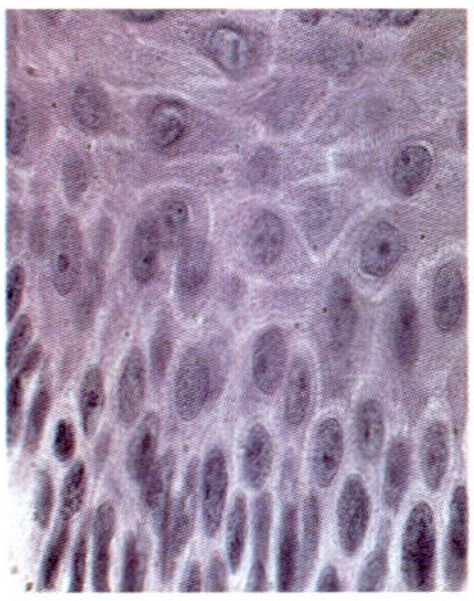

〈그림 26〉 과립층

- 피부트러블 원인 층인 레인방어막(barrier zone)이 존재하며 각질화 과정이 실제로 시작되는 층이다.
- 과립층은 하부로부터 수분 유실을 저지시켜주는 미용층으로서 2~3층 무핵 편평 또는 방추형의 다이아몬드형 세포로 구성되어 있다.
- 손·발바닥에서 가장 두껍게 분포하는 이 층은 세포질 나에 각질화 초자유리과립(keratohyaline granules)을 생성한다.
- 케라틴을 분해함으로써 공기 중의 산소와 결합하여 보습작용(natural moisture factor, NMF)을 갖는다.

④ 각질층(horny layer, cornified layer)

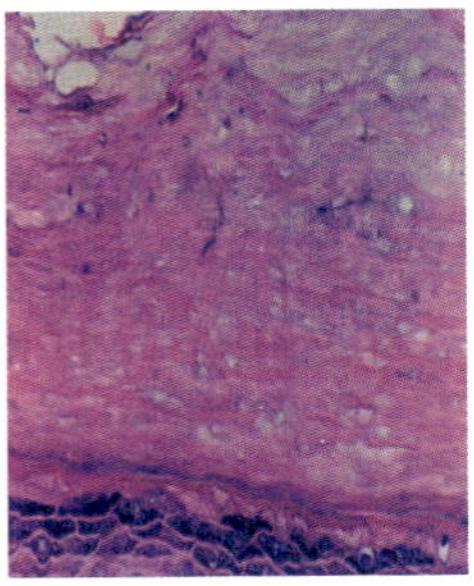

〈그림 27〉 각질층

- 비늘같이 얇고 핵이 없는 편평 세포 구조의 라멜라층이 치밀하게 결합되어 있다. 두께 10㎛, 10~20층의 편평세포, 케라틴(keratin, 58%), 각질세포간 지질(lipid, 11%), 천연보습인자(NMF, 31%)를 가진 각질층의 각화된 세포 사이는 연속적인 지질층이 존재하여 형태상을 구성하고 있다.
- 각질층(keratin)에서는 하루에 약 0.5~10.0g씩 각질세포(keratinizing cell)들을 피탈시킴으로써 일부 제거시키기도 한다.
- 섬유성 단백질로서 각화과정을 위한 완전한 각질 덩어리층인 각질층에서는 14일이 소요되며, 노화된 섬유성 단백질인 각질세포로 피탈(epilaed)되는데 14일이 소요된다.
- 피지막을 형성함으로써 pH 4.5~6.5의 약산성 상태이다.

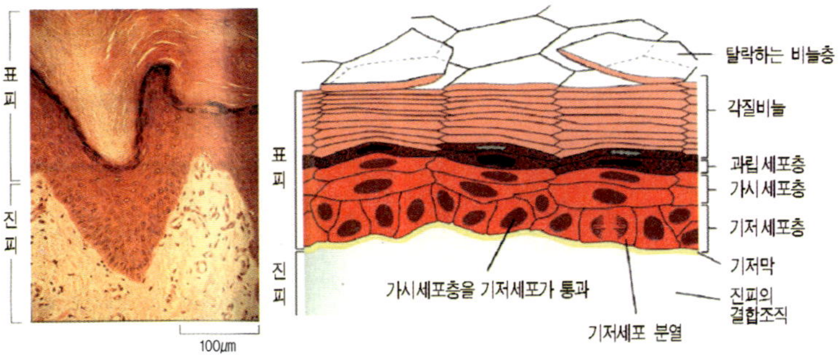

〈그림 28〉 표피의 구조

2) 진피(Dermis)

(1) 두개피 진피층

표피 밑에 있는 두터운 층으로 망상층과 유두층으르 구분되며 피부의 90%를 차지하는 탄력 유지층인 진피는 중배엽에서 기원한 결체조직이다. 이는 신경, 혈관 표피에서 기원한 표피 부속기를 포함하고 있다. 진피와 표피가 만나는 면은 표피의 들어가고 나온 모양에 따라 진피도 들어가고 나와 있다. 진피는 실질적인 피부로서 두개피부에 영양을 공급하여 두개피부를 지지하고 강인성에 의해 외부 손상으로부터 몸을 보호한다. 또한 수분을 저장하는 능력과 체온조절 기능이 있으며 감각에 대한 수용체 역할을 하고 두개표피와 상호작용에 의해 두개피부를 재생하는 기능이 있다.

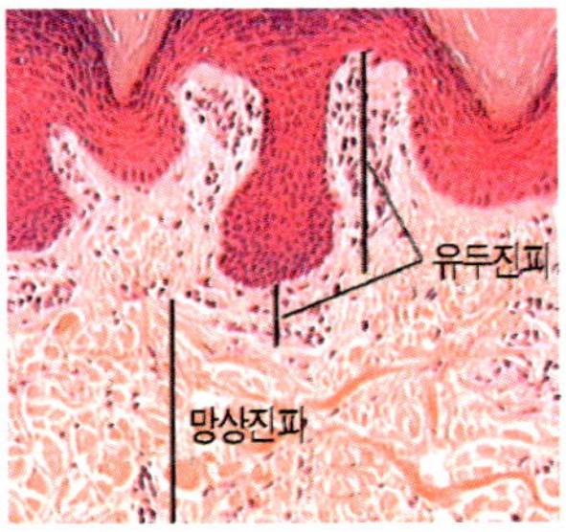

〈그림 29〉 유두진피와 망상진피

표피가 진피 속으로 들어간 구조를 표피능선이라 하며 진피가 표피 속으로 들어간 구조를 유두진피라 한다. 그 이하 피하지방층까지 진피의 대부분을 차지하는 부분을 망상진피라 한다. 진피의 섬유성 결체조직은 교원섬유, 탄력섬유, 특별한 형체가 없는 기질로 구성되며 이들 대부분은 섬유모세포에서 만들어진다.

① 유두진피(papillary layer)

유두 내에는 신경종말인 신경유두와 혈관으로서 혈관유두가 분포되어 있다. 유두층 맨 위쪽은 이랑과 유두 모양의 줄기 형태로서 망상그물층에 비해 치밀하지 않으며 세포 성분이 비교적 많다. 주로 섬세한 아교섬유로서 탄력섬유와 그물섬유들이 섞여있다.

- 진피의 윗층으로 표피와 진피를 이어주며 표피에 영양공급과 체온조절을 담당한다.

• 수분을 다량으로 함유하여 피부 팽창 및 탄력을 좌우하며 촉각과 통각을 느낀다.
• 피부 상태를 회복시키고 피부 결을 만드는 기능이 있다.

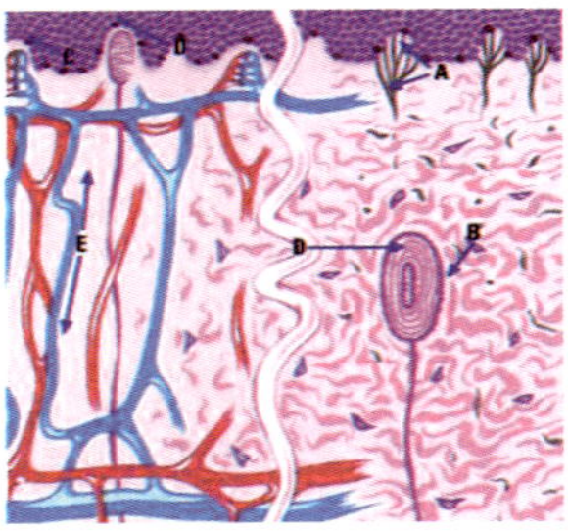

〈그림 30〉 혈관유두와 신경유두

② 망상진피(reticular layer)

망상층 내 결합조직은 주로 탄력섬유가 많으며 섬유다발들은 대체로 표면에 평형하게 배열된 랑거당김선(langer' s tension line)을 갖는다.

• 그물 모양의 콜라겐과 엘라스틴으로 이루어져 있다.
• 피부 탄력성과 피부 반사작용에 관여하며 압각, 냉각, 온각을 느낀다.
• 표피보다 15~40배 두꺼우며 굵고 치밀한 교원아교섬유 다발들이 결합 서로 엉켜 배열되어 있다.

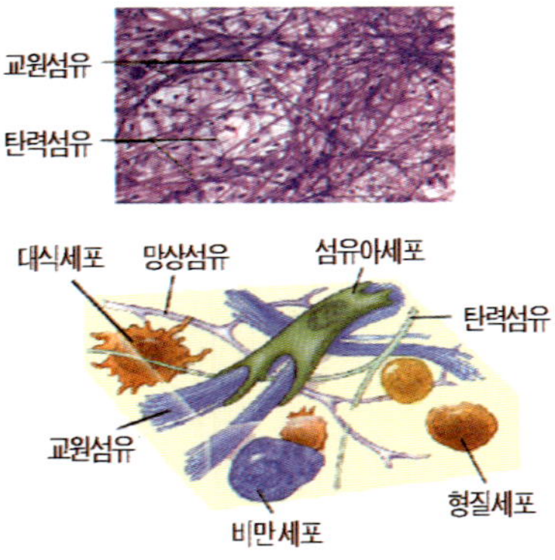

〈그림 31〉 진피 구성섬유

③ 세포간 물질(ground substance)

반액체로서 모양이 없는 물질이 진피 내 모든 세포와 섬유 사이에 존재한다. 이는 피부 압박에 대한 저항력을 주며 탄성이 갖는 성질로 인해 피부가 손상을 입은 후에라도 섬유조직 내에서 회복을 돕는다.

3) 피하조직(Hypodermis)

콜라겐 섬유와 탄력섬유가 성긴 망상구조를 이루는 결합조직과 그 사이를 채우는 지방세포(fat cell)로 구성되어 있다. 즉 지방세포의 집단인 지방층(panniculus adiposus)을 만들어 피하조직을 이룬다.

(1) 기능

중배엽 발생층으로서 지방조직은 바깥쪽 피부를 보호하는 완충역할과 동시에 동맥, 림프관 조직의 순환작용이 이루어진다.

- 생체의 에너지로서 활용되는 에너지를 저장한다.
- 바이타민D를 합성하는 지방을 함유하고 있다.
- 기계적 충격을 흡수하며 물리적 충격을 방지한다.
- 열을 차단하는 등 외부온도 변화로부터 신체를 보호하는 기능이 있다.

(2) 피하조직량

진피와 근육, 뼈 사이에 위치한 피하조직은 결체조직 끈의 형태로서 각기 개별적이고 부분적으로 이루어져 있다.

- 성별, 나이, 부위 등에 따라 조직분포량은 다르다.
- 남성보다는 여성, 성인보다는 어린이에게서 더욱 발달된다.

3. 두개피 부속기관(An appendage of scalp)

두개피는 표피 부속기와 표피연결 진피 부속기, 진피 부속기 등으로 대별된다. 표피 부속기는 두개피부와 모낭으로서 두개피부는 기저대를 중심으로 모낭은 표피내 배아층인 외모근초와 각질세포인 내모근초로 나누어진다.

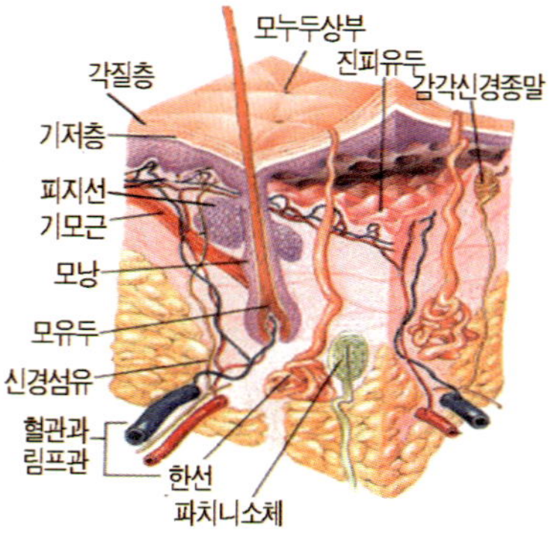

〈그림 32〉 피부의 부속기관

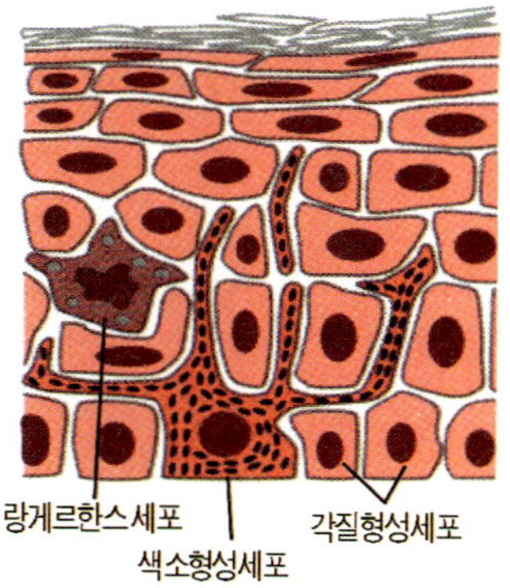

〈그림 33〉 표피 내 배아층 부속기

1) 표피 부속기(Epidermis appendage)

발생학적으로 표피는 하향 발육하여 발생함으로써 외배엽 조직을 갖는다. 이 부속기는 재 상피화(reepithelization)의 역할을 담당함으로 안면(face), 두개피부 등 표피 부속기가 풍부한 곳이 그렇지 못한 곳보다 상처 치유를 빠르게 한다.

(1) 기저막대

미세구조상 몇 개의 구성 성분으로 이루어진다.

- 기저세포의 원형질막과 특수한 접촉판인 반교소체를 구성한다.
- 원형질막 밑의 기저판이다.
- 투명판 밑의 기저판이다.
- 기저세포 원형질막과 기저판을 연결하는 고정세섬유이다.
- 기저판과 연결되는 섬유성분이다.

- 고정원섬유
- 제Ⅲ형 교원섬유
- 미세원섬유

(2) 각질형성세포(keratinocyte)

기저층의 세포 분열에 의해 새로운 상피세포로 대체시키며 각화현상을 주도하는 표피의 배아층으로서 각질형성세포, 색소형성세포, 랑게르한스세포, 머켈세포 등이 존재한다.

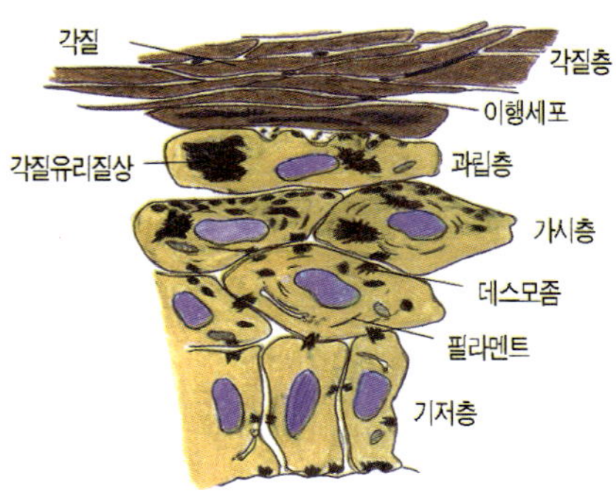

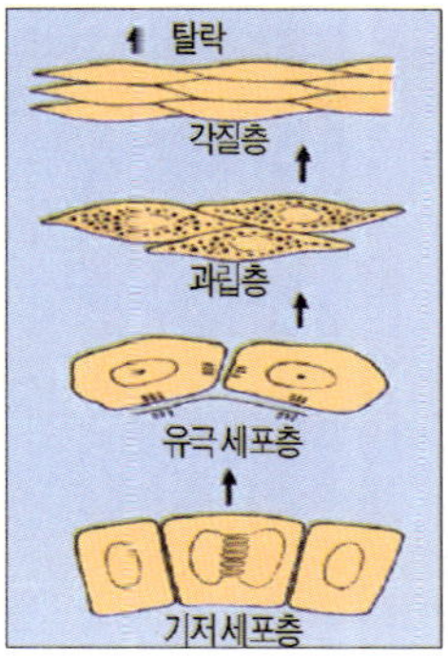

〈그림 34〉 각질세포의 각화 현상

(3) 색소형성세포(melanocyte)

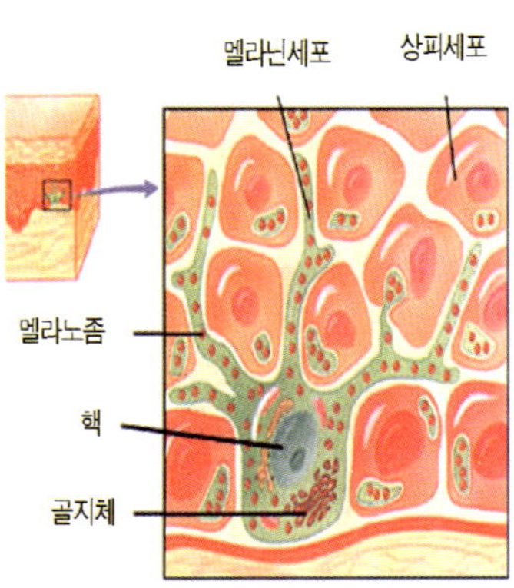

〈그림 35〉 색소형성세포

피부세포의 약 5~10%로서 멜라닌 색소를 생성한다. 하나의 멜라닌 형성세포는 수지상 돌기를 통해 약 36개의 멜라닌 소체를 생산하여 주위의 각질형성세포에 멜라닌 고립을 전달(melano protein)한다.

- 표피 멜라닌 단위(epidermal melanin unit)는 멜라닌 소체와 각질형성세포군의 기능

적 단위이다.

- 멜라닌 형성세포 수는 출생 시 가장 많으나 매 성장 10년마다 6~8%씩 감소된다.

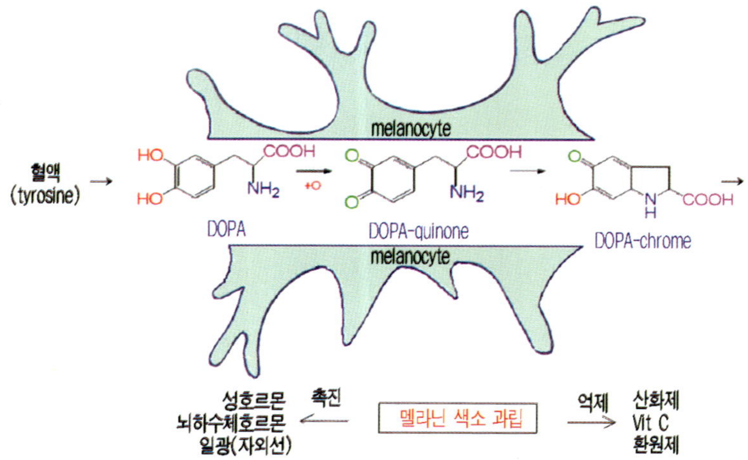

〈그림 36〉 피부의 멜라닌 생성 과정

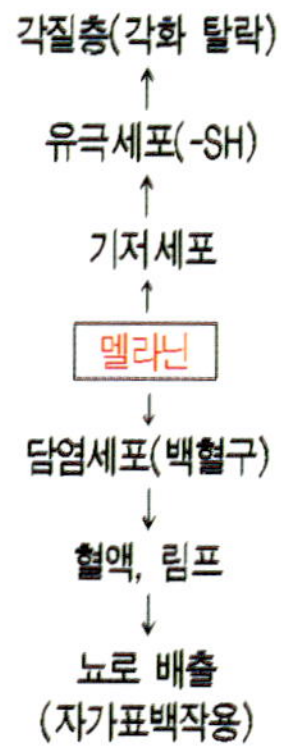

(4) 인지세포(merkel cell)

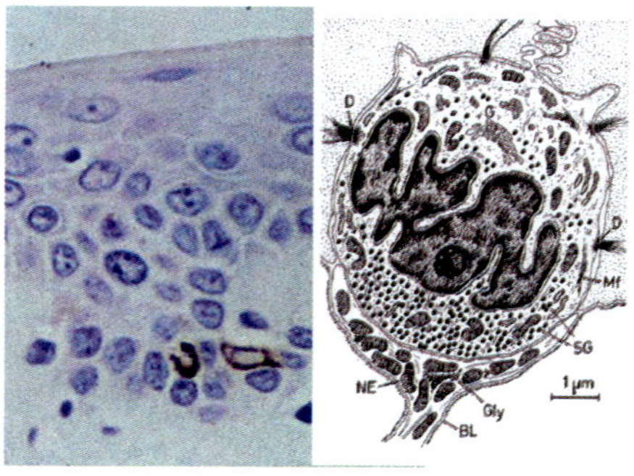

〈그림 37〉 인지세포

촉각수용체로서 신경자극을 뇌에 전달하는 인지세포는 촉각을 담당하는 일종의 신경수용기(nerve receptor)로서 팽대된 신경종말과 맞닿아 신경자극을 뇌에 전달한다. 이는 피부 및 점막에서 물체에 대해 접촉을 느끼는 것으로서 압각과는 구별이 쉽지 않다.

(5) 랑게르한스세포(langerhans cell)

수지상돌기 세포로서 탐식기능과 면역에 관련된 기능을 한다. 이 세포는 중배엽 골수(흉골)에서 기원된 세포로서 피부 기저층 직상에서 표피 전 층에 걸쳐 산재하며 탐식 기능을 가진다. 랑게르한스세포에 의해 항원을 제시받으면 T림프구는 활성화되어 피부 내에서 국소적 면역반응을 일으킨다.

① 랑게르한스세포 역할

- 외부의 이물질 침입에 신체 방어 반응을 인지 및 중계한다.
- 피부면역 반응인 사이토카인 생성 및 분비에 의한 면역, 염증 반응과 외부의 항원을 림프구로 전달한다.

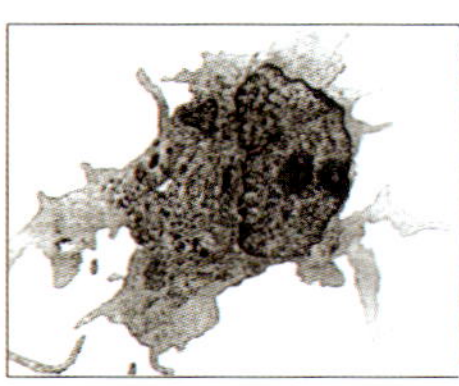
〈그림 38〉 수지상돌기세포

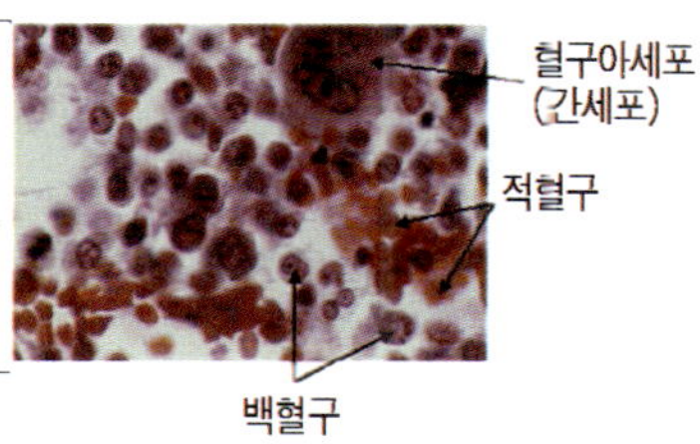

〈그림 39〉 골수

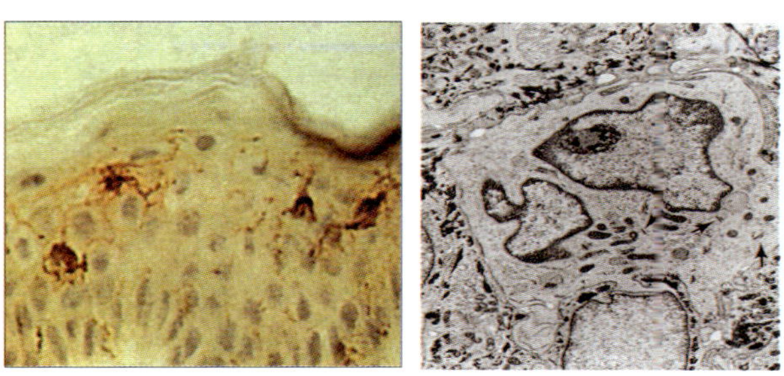
〈그림 40〉 랑게르한스세포

2) 표피층 연결 진피 부속기 (Epidermis connection dermis appendge)

기저막대는 표피와 진피 경계부로서 부착, 지지, 투과성 조절, 태생 분화의 기능이 있다. 표피 부속기와 진피 부속기, 주변 진피까지 연결되는 이 기관은 모피지선 단위(pilosebaceous unit, psu), 한선 단위 등으로 구성된다.

(1) 한선(sweat glands)

표피가 함몰함으로써 발생된 한선은 체온을 조절하고 노폐물을 배설한다. 한선은 대부분이 샘분비선(eccrine or merocrine gland)이며 단순 나선관상선(simple coiled tubular gland)으로서 분비부와 분비관으로 구성되어 있다. 특히 두개피부는 소한선만 존재한다.

① 소한선(eccrine gland)

분비선은 진피 및 피하지방층 경계부 또는 진피의 아래쪽 1/3에 존재하며 피하지방층과 연결되는 지방조직에 둘러싸여 있다.

ㄱ. 분포

- 피부 전신에 분포하며 겨드랑이 및 이마, 손, 발바닥 등에 가장 많이 존재한다.

ㄴ. 분비기능

- 저장액(hypotonic solution)을 생산 몸 표면에서 증발시켜 체온 조절을 한다.
- 손, 발바닥, 겨드랑이 등의 소한선은 열자극 이외에 정서적 자극에 반응한다.
- 체온 상승과 관련된 소한선 분비는 콜린성 자극에 의한다.

② 대한선(apoccrine gland)

이 선의 분비는 주로 아드레날린성 자극의 결과로서 혈관 평활근의 알파수용체를 자극함으로써 혈관을 수축시킨다.

ㄱ. 분포

겨드랑이, 외이도, 눈꺼풀, 유방에 존재하며 분비부는 진피 내 한관, 표피 내 한관으로 구성되어 있다. 이들의 분비부는 고리 모양으로서 피하지방층에 위치한다.

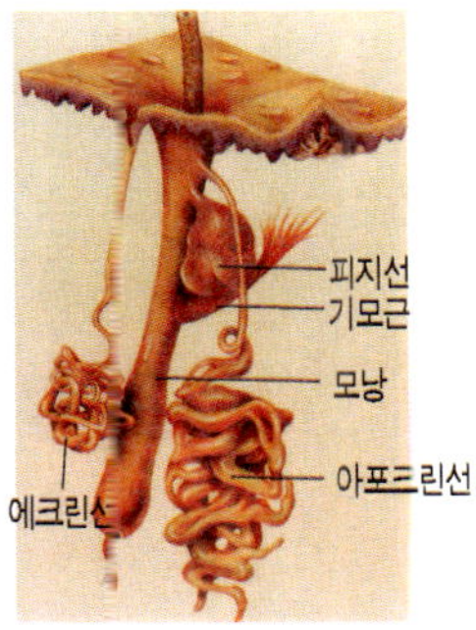

〈그림 41〉 한선과 피지선

a. 분비부(secretory portion)

진피의 심부 또는 피하조직에 위치하고 있다.

b. 분비관(secretory duct)

나선상의 경로를 통해 피부표면으로 열린다

ㄴ. 분비기능

동물에서는 방어 및 성적(性的) 역할이 있으나 사람에게는 확실하지 않다.

ㄷ. 발생 및 발달

사춘기가 되어서야 비로소 분비부가 발달하여 냄새를 내는 기능을 한다. 분비물은 젖과 유사하여 끈적이고 분비 당시에는 냄새가 없으나 피부표면에서 세균에 의해 분해되어 특징적인 냄새가 난다.

(2) 피지선(sebaceous gland)

외배엽에서 기원하며 모낭의 상피벽에서 발생한 피지선은 모낭상부(모누두상부 아래)에 매달려 있어 내모근초가 끝나는 부위에서 모공쪽으로 열린다.

① 발생 및 발달

피지선의 발달과 생성에서 출생 시 잘 발달된 피지선은 곧 쇠퇴하며 작은 크기로 존재한다. 이후 8~10세 경 다시 발달되며 남성 호르몬(androgenic steroid)의 영향을 받는다.

② 피지선 구조

피지선은 지질을 생산하는 구조로서 대부분 모낭과 연관되어 발생된다.

ㄱ. 복합포상선(compund alveolar gland)

하나의 모낭에 여러 개 포상선으로 구성되어 지방(fat)을 합성하며 피지선 내 샘포세포의 세포질은 지방으로 가득차 있다.

ㄴ. 온분비샘(holocrine gland)

핵이 소실되어 죽은 피지선 세포는 떨어져 나가 분비관을 통해 피지(sebum)로 분비된다. 이때 세포 전체가 탈락된다. 즉 탈락된 분비물로 모누두상부를 통하여 피부 표면 밖으로 배출된다.

③ 피지의 생리기능

확실하게 밝혀지지는 않았지만 땀과 함께 피부에 막을 형성하는 피지는 pH4.5~5.5의 약산성 보호막이 된다. 즉 살균, 소독, 보습, 중화, 윤기 등을 형성한다. 1일 평균 1~2g 정도 분비하며 세정 후 피지분비 정도는 1시간 후 20%, 2시간 후 40%, 3시간 후 50% 정도 분비된다.

④ 피지선의 분포

손 · 발바닥을 제외한 전신에 분포하며 얼굴과 두개피에 가장 많이 존재한다. 이는 남성 호르몬, 황체 호르몬, 식생활, 계절, 연령, 환경, 운동 등에 따라 분비량은 달라진다.

⑤ 피지분비의 영향

신경계와는 무관한 자율신경계 영향으로써 성 호르몬의 영향을 받는다.

(3) 모낭(hair follicle)

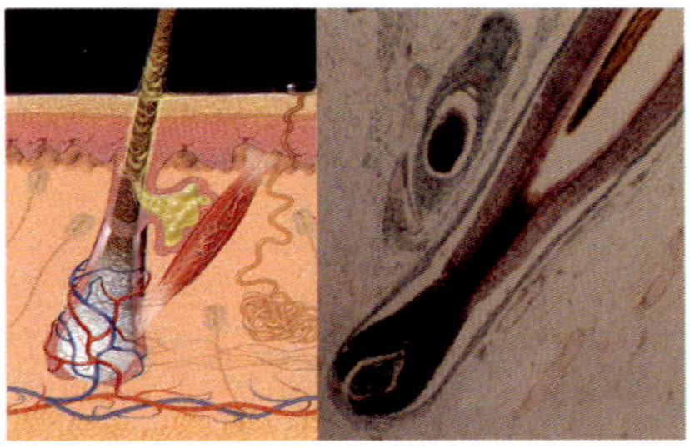

〈그림 42〉 모낭

모낭은 표피층 함몰로 생긴 근초(root sheath)로서 표피의 속층은 모근상피집(epithelial root sheath)인 상피근초와 진피의 연속인 바깥층은 모근진피집(dermal root sheath)으로 구성된다. 근초 주위의 협부에 피지선, 기모근과 함께 모낭을 둘러싸는 신경종말인 두개피 감각체가 있다.

① 모낭발생

정확한 기전은 밝혀져 있지 않으나 모낭발생은 표피의 각질형성세포와 진피의 특수한 섬유가 세포간에 일어나는 유전자와 단백질간 복잡한 상호작용에 의해 형성된다.

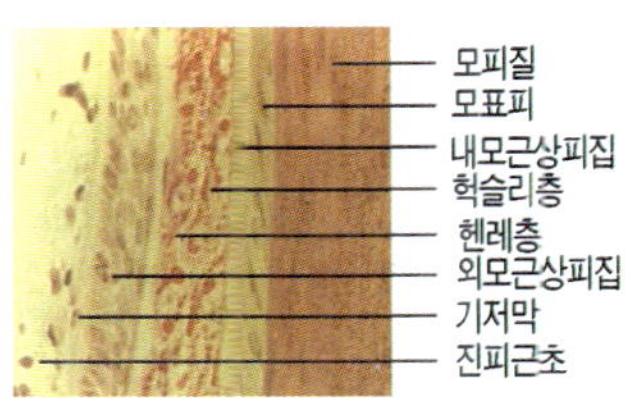

〈그림 43〉 상피근초

ㄱ. 태생기 9주 – 눈썹, 윗입술, 턱에서 발생이 시작된다.
ㄴ. 태생기 16주 – 신체 부위에 발생된다.
ㄷ. 태생기 22주 – 신체 내 모든 부위에 모낭이 발생된다.

② 모낭구조

모낭세포는 결합조직집인 내모근초와 외모근초가 있으며 유리막인 내돌림층과 외세로층으로 구성되어 있다.

ㄱ. 상피근초(epithelial root sheath)

a. 내모근초(inner root sheath)

내측 모발주머니로서 표피상피의 각질층과 연속되는 층으로서 피지선이 열리는 부분 아래쪽에 위치한다. 이는 모발 가장 바깥층인 모표피 외층인 모표피집(sheath cuticle)과 내모근초의 헉슬리층(Huxley's layer, HU), 헨레층(Henle's layer, HE)으로 연결되어 있다.

b. 외모근초(outer root sheath)

여러 층의 다각형 세포로 구성되어 있으며 표피와 연속되어 있는 가장 안쪽인 기저, 가시, 과립층과 이어지는 세포로 구성된다.

- 기저층 – 외모근초
- 가시층 – 헨레층
- 과립층 – 헉슬리층

ㄴ. 진피근초

결합조직집(connective tissue sheath)이라고도 하며 유리막과 내돌림층, 외세로층으로 되어 있다.

〈그림 44〉 내돌림층과 외세로층

a. 유리막(glassy membrane)

표피의 기저막으로서 상피근초와의 경계에 있는 균일하게 관찰되는 막이다. 유리막 안쪽의 상피근초는 안쪽 내모근초와 바깥쪽 외모근초로 구성되어 있다.

b. 내돌림층(inner circular layer)

유리막 바깥쪽에 상피근초를 둘러싸고 있는 내돌림층은 아교섬유의 주행 방향이 가로 방향으로 둥글게 배열되어 있다.

c. 외세로층(outer longitudinal layer)

아교섬유가 세로로 배열되어 있는 외세로층은 주위 진피로 이행된다.

(4) 모기질 상피세포(germinal matrix cell)

인근 모유두에서 파라크린 호르몬의 영양을 받아 이웃하는 세포에 신호전달과 동시에 세포분열을 조정함으로써 모주기를 인식시킨다.

① 파라크린(paracrine)

모기질의 신경전달 물질이며 세포외액으로 확산됨으로써 모유두 주변의 모기질세포와 외모근초세포 등 상피계 세포분열을 조절시키는 화학물질이다.

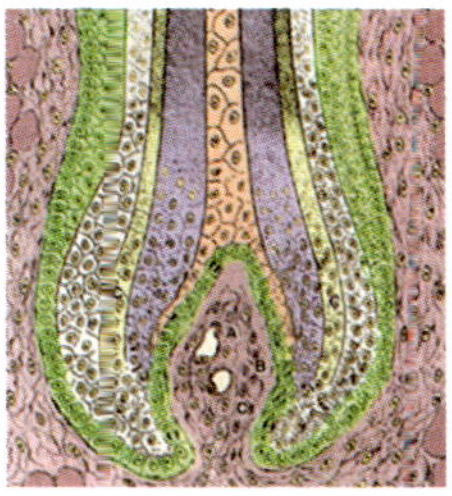

〈그림 45〉 모기질 상피세포

(5) 모발섬유(hair fiber)

피부에 존재하는 모발은 포유동물만의 전유물이다.

① 모발세포

피부표면으로 나온 모발섬유는 단단하게 각질화된 상피세포로 이루어진 고형의 원추섬유이다.

② 모발 종류

ㄱ. 취모(lanugo hair)

태아의 피부에 덮인 섬세하고 부드러운 엷은 색의 모발 형태이다.

ㄴ. 연모(lanugo hair)

유아에서 성인까지 신체 대부분을 덮고 있는 모수질이 드러나지 않는 섬세한 모발 형태이다.

ㄷ. 경모(terminal hair)

두발 및 수염, 눈썹, 액와모, 음모 등 모수질이 있는 굵은 모발 직경을 갖는다.

ㄹ. 세모(vellus hair)

경모가 탈모(alopecia)화 또는 노화에 의해 가늘어지는 현상이다.

3) 진피 부속기(Dermis appendage)

피부의 심부에 위치하는 결합조직층인 진피는 진피유두로 구성된 유두층과 망상층으로 나누어지며 기모근, 모유두와 혈관, 신경, 피부 감각기가 부속되어 있다.

(1) 모유두(hair papilla)

모유두는 둥근핵과 잘 보이지 않는 압축된 공처럼 생긴 세포다발로서 모세혈관이 엉켜있다. 모기질(hair matrix)을 매개로 하여 모발을 성장시키는 영양분과 산소를 운반하고 있다. 특히 세포간 전달물질을 가진 모유두의 정점에서는 모수질 세포가 분열하고 모유두 주변은 모피질 세포가, 모유두 가장 아래 외측에는 모표피세포가 분열되는 모자이크 패턴을 갖는다. 모유두의 형태는 모주기 과정에서의 변화와 함께 모발 굵기를 좌우한다.

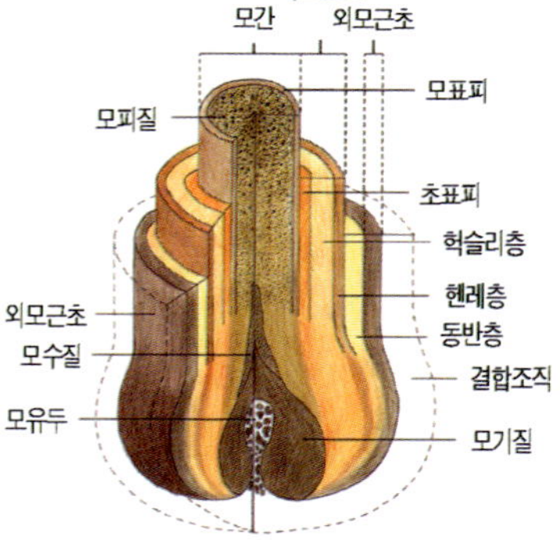

〈그림 46〉 모자이크 패턴의 HF

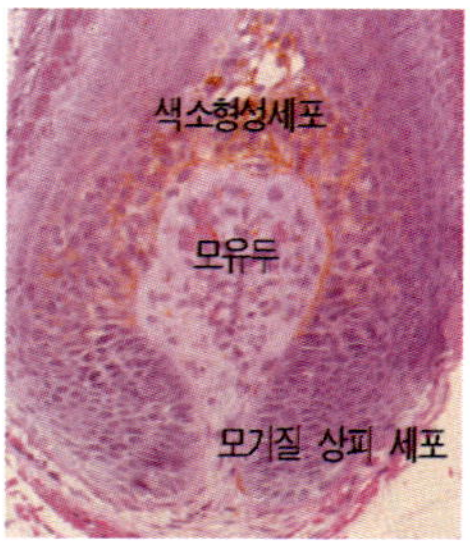

〈그림 47〉 모유두

(2) 기모근(arrector pili muscle)

기모근은 불수의 평활근으로 비스듬히 위치하는 모낭과 진피 유두층 사이에 걸쳐 있다. 따라서 기모근이 수축하면 모발이 바로 서고 또한 피지선을 압박하여 피지를 방출시킨다. 이에 대한 역할은 정확히 밝혀지지는 않았지만 상피 줄기세포의 저장고로 알려져 있다.

(3) 혈관(blood vessel)

진피의 혈관은 유두진피와 망상진피의 경계부에 위치하는 표재성 혈관총, 망상진피의 하부에 존재하는 심부 혈관총 그리고 이들을 연결하는 연락 혈관으로 구성된다. 혈관총은 세동맥과 세정맥으로 이루어진다. 두개피부 표면과 평행한 연락혈관은 피하지방에 위치한 동맥에서 기원하며 정맥으로 돌아가며 피부표면과 수직으로 배열되어 있다.

(4) 신경(nerve)

두개피부에는 지각신경과 자율운동 신경이 분포되어 있다. 두개피부의 지각 수용체는 형태학적으로 특별한 구조를 나타내지 않는 특수신경 말단기와 신경 말단에 독특한 구조를 가지는 특수한 수용체 그룹으로서 기모근, 소한선 및 대한선, 혈관에 분포하는 무수교감신경이 있다.

① 지각신경

이는 통증, 소양감, 온도감각, 촉각, 압각, 진동감각을 매개로 하며 다음과 같다.

- 특수신경 말단기
- 점막피부 말단기(mucocutaneous end organ)
  섬세한 촉각전달을 매개로 한다.
- 마이스너 촉각소체(tactile corpuscles of Meissner)
  촉각을 전달한다.
- 파터-파치니 압각소체(Vater-Pacieni corpuscles)
  압각을 전달한다.

② 무수교감신경(unmyelinated sympathetic nerve)

- 기모근

아드레날린성 신경 지배를 받는다.

• 대 · 소한선

아드레날린성 신경과 콜린성 신경의 지배를 받는다.

③ 자율운동신경

피부의 혈관 운동, 모발 섬유의 배향성(out travel), 운동, 땀 분비 등을 조절하는 기능을 한다.

2

제Ⅱ장 모발섬유 발생과 성장

모발은 모근과 모간 부분으로서 모근은 피부가 함몰된 피부주머니인 모낭 내에 구성되어 있다. 모낭은 기모근(arrector pili muscle)이 부착된 부위와 피지선관이 있는 입구를 경계로 하여 하부(interior segment), 협부(isthmus), 모누두상부(follicular infundibulum)의 세 부분으로 구성된다.

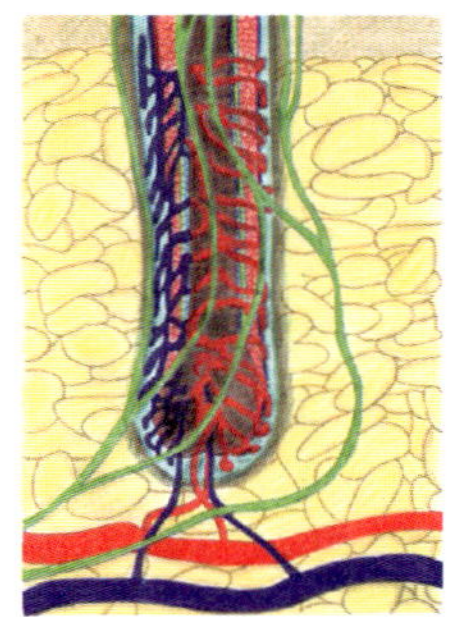

〈그림 48〉
모세관 연결망

1. 모구부(Hair bulb)

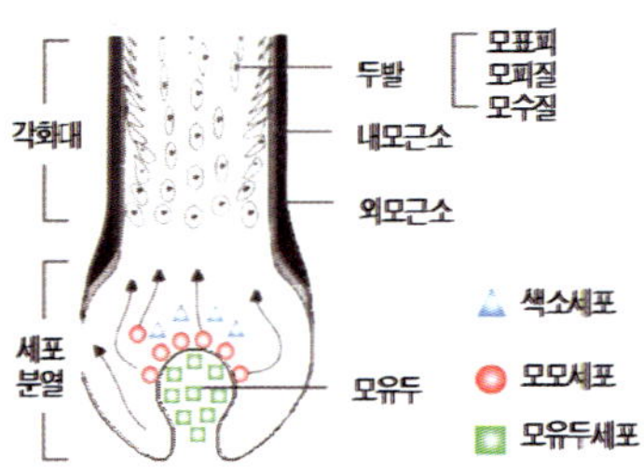

〈그림 49〉 모구부

구근 모양으로 팽창되어 있는 모구는 모발섬유를 발생시키는 부분이다. 모구 기저의 움푹 파인 부분에는 진피세포층에서 나온 모유두가 들어 있다. 모구부는 모유두와 모기질 상피세프를 포함하는 기관으로서 혈관이 풍부하며 모세포 분열을 조절한다. 여기서 분열된 모세포(hair cell, HC)가 각화하면서 위로 밀어내는 모발 줄기(hair shaft)를 드러넌다.

1) 결합조직(Connective tissue sheath)

모낭의 일부로서 둘러싸여 있는 모근부는 모표피층에 접하고 있는 내모근초(IRS)와 그의 외측의 외모근초(ORS)로 덮혀져 있다. 이들은 모구부에서 발생한 모세포를 완전히 각화가 종결될 때까지 보호하고 표피까지 운송하는 역할을 한다. 모발의 육성과 함께 위로 밀어올리나 모발을 표피까지 운송하여 역할을 다한 후에는 비듬이 되어 두개 피부에서 떨어진다. 한편 모낭 주위에는 이들을 둘러싸고 있는 신경종말이 있어 모발이 바람결에 흔들리거나 물체가 닿아 자극되면 이를 감각으로 느낄 수 있다.

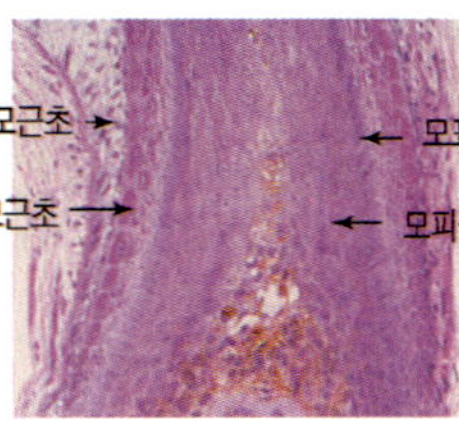

〈그림 50〉 내모근초와 외모근초

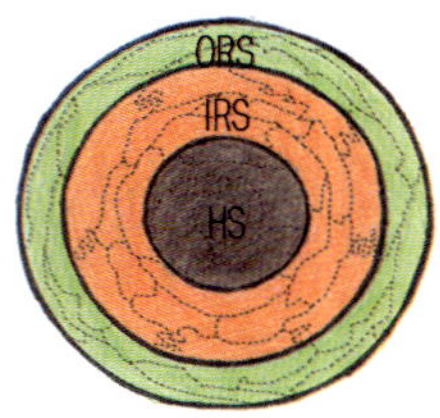

〈그림 51〉 모낭의 횡단면

2) 모기질 상피세포(毛母細胞, Germinal matrix cell, GMC)

모기질 상피세포인 모모세포는 형체를 만들고 있는 세포 가운데에서도 특히 세포분열이 왕성하여 끊임없이 분열, 증식을 되풀이하고

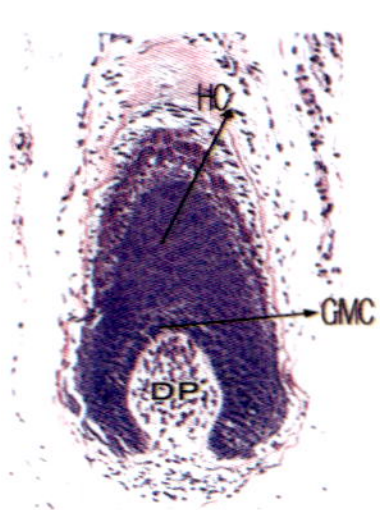

〈그림 52〉 모기질 세포

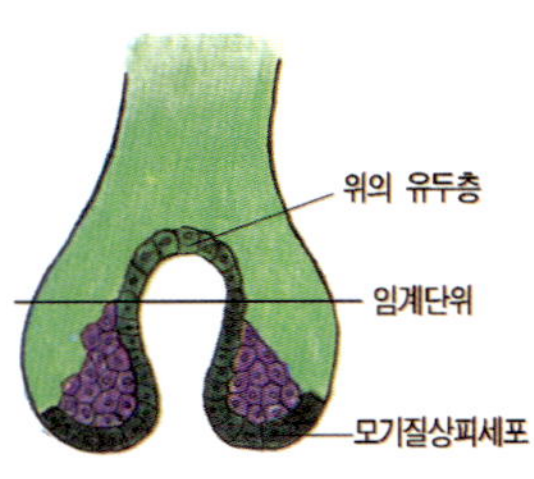

〈그림 53〉 모발 생장기 시 모구에서 유사 분열하는 세포들의 분포

있다. 이 모기질 상피세포가 모유두에서 영양을 받아 모세포(hair cell)로 분열됨으로써 모발섬유구조의 형상을 갖추어 성장된다.

3) 색소형성세포(Melanocyte)

모발의 색(natural hair's color)을 결정하는 멜라닌 색소는 모피질을 만드는 모기질 상피 세포로부터 별도의 색소형성세포에 의해 생성된다. 일반적으로 색소과립은 두개피 모발의 모표피에서는 관찰되지 않으나 짙은 색소를 가진 두꺼운 모발에서 많이 관찰되어진다. 색소과립은 생물학적 합성과 분화 지역에서 식세포로서 랑게르한스가 미생물이나 다른 세포 또는 이물질을 잡아먹는 포식(捕食)작용(melano-protein)과 같은 동일현상을 통해서 모피질성 세포 내로 들어간다. 이는 두 가지 유형으로 나뉜다.

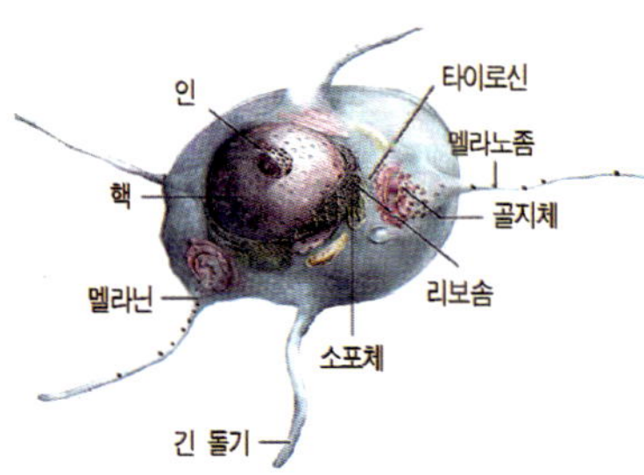

〈그림 54〉 색소형성세포

(1) 모모세포 내 색소형성세포

색소과립은 작고 타원형 또는 구형의 입자로서 대략 2,000~8,000 Å(0.2~0.8㎛)로서 모피질성 세포를 통해 분산되어 있다.

(2) 외모근초 내 색소형성세포

둥근 세포로 구성되었으며 멜라닌 색소 결핍성 색소형성세포이다. 이는 표피 손상 후 표피 재생 기간과 백반증으로부터 색소 재침착이

따를 경우에 있어서 표피 색소형성세포의 저장소(precursor melanocyte reservoir)로 작용한다.

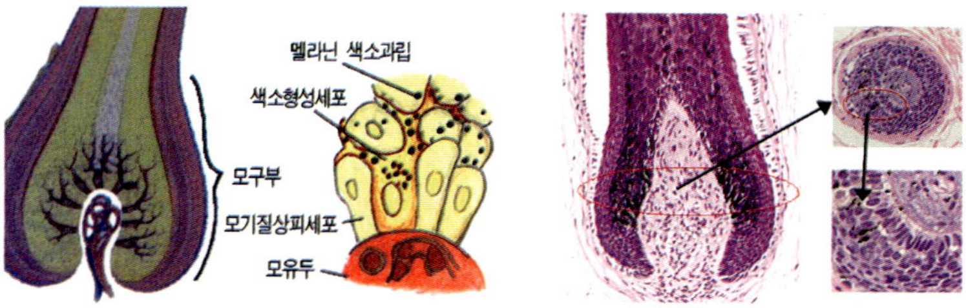

〈그림 55〉 색소형성세포의 분포

2. 모발섬유의 성장(Growth of hair fiber)

끊임없는 모발 성장에는 유전 정보를 담고 있는 모유두의 역할이 매우 중요시 되고 있다. 모발의 생성 조건이 모유두, 모세혈관, 자율신경, 단백질 합성효소 등의 정상 기능에 있다 할 때 모유두는 인간 삶과 함께 일생동안 활동하거나 모발을 계속 만들지는 않는다. 왜냐하면 모유두 내의 유전자 암호가 모발 성장 단계인 성장기, 퇴화기, 휴지기, 탈락기 단계 등을 결정시키기 때문이다.

1) 모발 성장 4단계(4level of hair growth)

모발이 모구로부터 모낭으로 나가려고 하는 모발 생성 단계와 딱딱한 케라틴이 모낭 안에서 만들어지는 퇴화기까지 자가성장을 계속하는 단계로서 분리되는 성장기 단계는 2단계로 나누어진다.

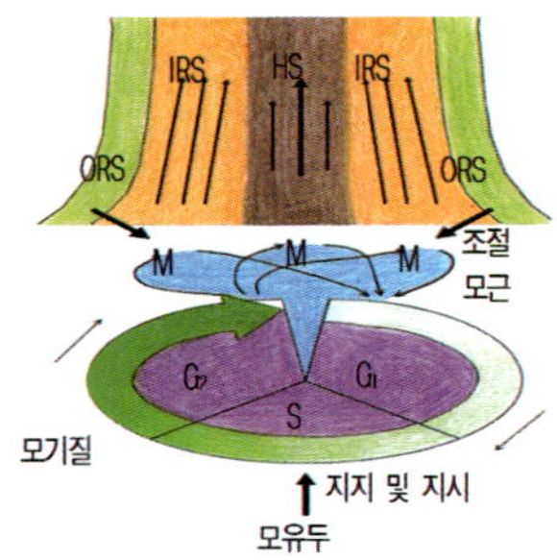

〈그림 56〉 모유두 세포의 분화

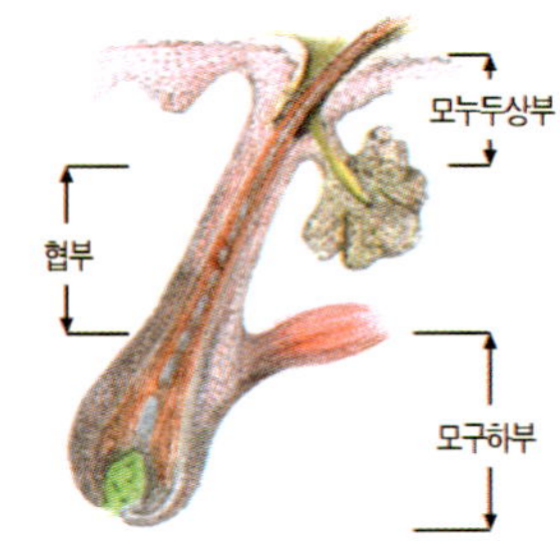

〈그림 57〉 모낭 내 모근 영역

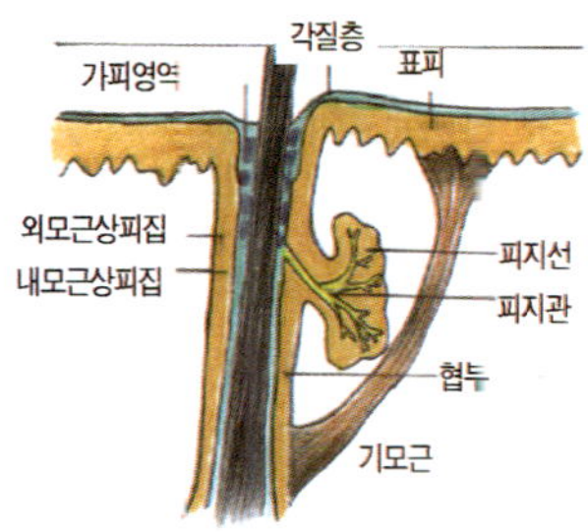

〈그림 58〉 가피영역

(1) 성장기 단계(anagen stage)

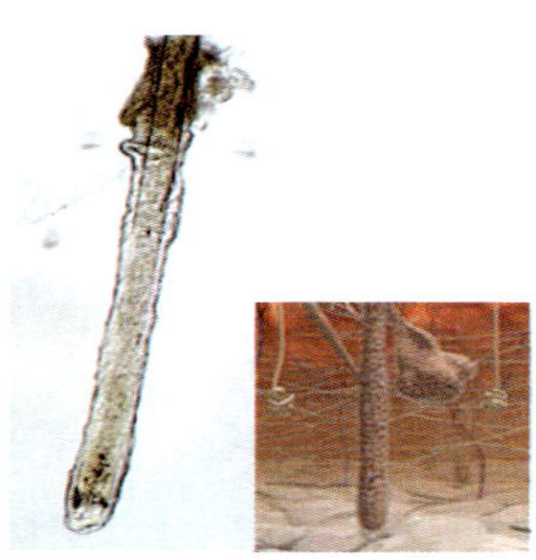

〈그림 59〉 성장기 시 모낭

성장기란 모유두 조직 주위에 접해 있는 모기질 상피세포가 모세혈관으로부터 영양분을 공급받아 활발한 세포 분열 증식을 통해 계속 성장하는 단계이다. 성장기 상(phase)에서 모낭은 최대 길이에 도달한다.

① 성장기간

평균적으로 남성 3~5년, 여성 4~6년 정도로 전체 모발의 80~85%를 차지하며 한달 평균 1~1.5cm 정도 자란다.

② 성장 조건

연령과 질병 및 호르몬, 바이타민, 음식물 등이 갖는 영향력에 의해 모발 성장은 변화될 수 있다.

③ 1일 성장 속도

- 0.2~0.4mm 기준
  1일 전체 두발 성장 길이 0.4×10만 본= 40m

④ 성장 두발 길이

- 5년 기준
  1일 성장 길이×5년(365×5)= 0.4×(365×5)= 73cm

(2) 퇴화기 단계(catagen stage)

성장기가 끝나고 모발의 형태를 유지하면서 휴지기로 넘어가는 중간 시기로서 모기질 상피세포 분열이 저조해져 서서히 성장하지만 더 이상 모발 케라틴을 합성하지 않는 단계이다. 모낭의 하부 부분이 수축되어 모유두와 분리되며 모발이 모낭에 둘러싸여 위쪽으로 올라간다. 퇴화기 모발은 성장기를 포함함으로써 곤봉화된 휴지기 상태의 모발과는 차이가 있다. 모기부(毛基部, proximal)의 세포 소멸(apotosis) 부분은 곤봉화된 모발에 비하여 어두우며 생장기 모발의 외모근초와 내모근초가 좀 더 남아있다. 퇴행이행 기간은 전체 두발의 1% 정도이며 약 30~40일 정도 기간을 갖는다.

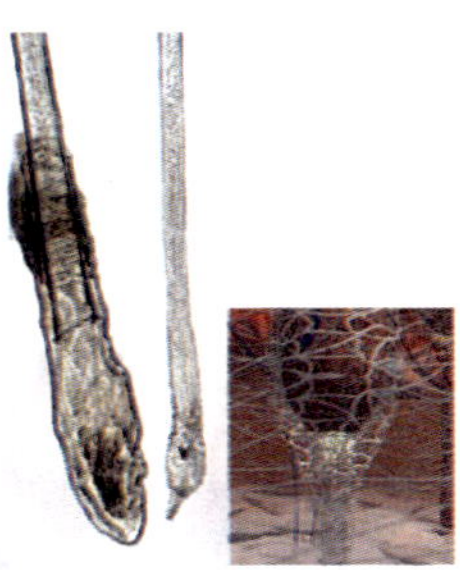

〈그림 60〉 휴지기 시 모낭

(3) 휴지기 단계(telogen stage)

모유두의 활동이 일시 정지됨으로써 모기질 상피세포 분열의 정지와 함께 성장이 멈춘다. 따라서 모구부의 수축과 동시에 곤봉모(clubbed hair)가 위쪽으로 밀려 올라와 자연탈모된다. 휴지기 모발이나 곤봉화된 모발은 일반적으로 성장기 모발보다는 가는 줄기를 가지고 있기 때문에 쉽게 식별 가능하다. 또한 모근 근처는 투명하고 모수가 전혀 없으며 각화를 생산하는 영역으로서 각질성(角質性)을 가지고 있다.

- 휴지기는 3~4개월로서 두개피 전체 두발의 4~14%에 해당하나 분만 후에는 30~40% 정도가 된다.

(4) 탈모기 단계(exogen stage)

내재 시간 즉 모유두 내 입력된 유전정보에 의해 자연스럽게 모발 탈락(shedding)을 유도하는 발모화(epilated) 현상이다. 발모 시 생장 주기에 따른 탈모와 같이 외모근초와 내모근초가 전혀 부착되어 있지 않은 상태의 곤봉모로서 피탈된다. 성장기 시 발모된 모발에는 상피낭(epithelial sac)이 감싸고 있을 수 있으나 성장이 멈추어 있는 자연 탈피(脫皮)된 곤봉화된 모발에서는 상피낭을 볼 수 없다.

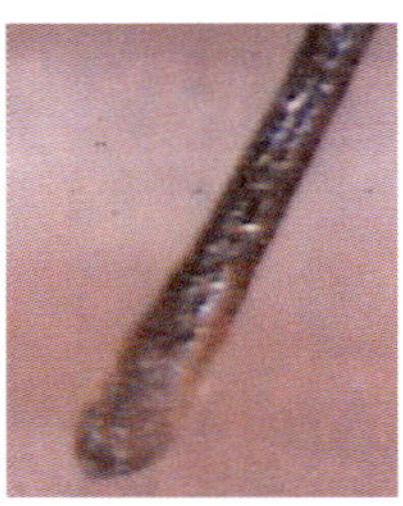

〈그림 61〉 곤봉모(CH)

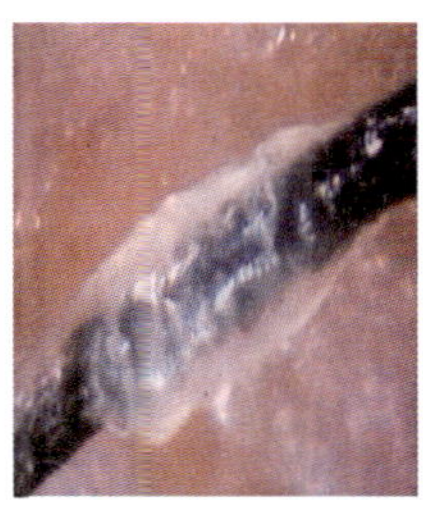

〈그림 62〉 상피낭(epithelial sac)

① 탈모 영향 요인

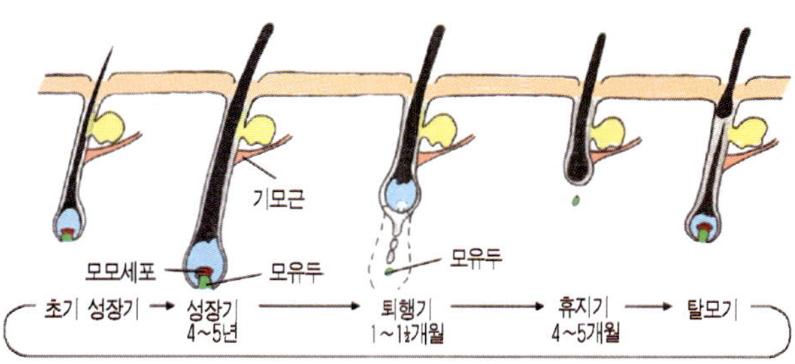

〈그림 63〉 모주기에 따른 도낭변이

생리기전, 질병, 유전, 체질, 연령 등에 따라 차이를 보인다.

② 1일 탈모량(10만 본 기준)

전체두발÷성장기간×365일 = 10만÷(5년×365)= 55개

2) 모발성장 속도 및 탈모 (Hair growth speed and hair loss)

모주기와 모발의 성장 속도는 신체 부위, 인종, 나이, 성별, 계절 등에 따라 조금씩 다르게 나타나는 특징이 있다.

- 하루 중 낮보다 밤에, 년 중 5, 6월에 가장 많이 자란다.
- 보통 두개피에서 성장기 두발의 비율은 80~90%이나 가을철인 8, 9월은 계절적 변화로서 휴지기 모발이 가장 많이 형성됨으로써 년 중 가장 많은 모발이 피탈된다.
- 10대 연령에서는 성장 속도가 빠르나 20대 이후에는 정상적으로 순환되는 건강한 모낭의 수는 점차 감소한다. 특히 16~24세 연령의 여성에게 성장 속도가 빠르며 두개부위 중 측두부 내 양빈에서 성장속도가 가장 낮게 측정되고 있다.
- 40대가 되면 태어날 때 가지고 나온 모낭수의 반밖에 존재하지 않게 된다. 그러므로 독두(禿頭, baldness)가 아닌 경우에도 나이가 들면 두발 숱은 듬성해지고 모량이 적어지면서(hair loss) 모질 또한 약해진다.

3) 성장 속도(Hair growth speed)

사람의 경우 계속 성장하는 시기로서 성장기인 3년~8년간을 기준으로 보았을 때 성장 속도에 따른 성장 길이를 추측할 수 있다.

① 전발(前髮)

하루에 0.44 ㎜의 비율로 자란다.

② 측두인 양빈(兩鬢)

하루에 0.39 ㎜ 자란다.

③ 신체 부위

겨드랑이털 0.23 ㎜, 음모 0.2 ㎜, 눈썹 0.18 ㎜ 정도 자란다.

④ 건강한 두개피내 모발

한 달 평균 약 1.25 ㎝ 성장하며 1 ㎠당 ≒60개 약 175~300개의 경모를 가지고 있다.

〈그림 64〉 생장기 두가피

〈표 2〉 모발 종류에서의 주기와 성장

모발의 종류	성장기	휴지기(개월)	1일 성장(㎜)	1개월 성장(cm)
두발(scalp hair)	3~8년	2~3	0.37~0.44 0.39(양빈)	0.81~1.32
수염(beard)	2~3년	–	0.27~0.38	0.71~1.14
액와모(underarm)	1~2년	–	0.23	0.69
음모(pubic)	1~2년	–	0.2	0.6
사지모(extremities)	1~6개월	2~4개월	–	–
솜털(trunk)				
속눈썹(eyelash)	3~4개월	2~4개월	0.18	0.54
눈썹(eye brows)	4~5개월	10개월		

4) 탈모(Hair loss)

탈모는 무언가 잘못되었다는 건강의 첫 번째 경고이다. 모발 성장과 탈모에 대한 기전 그리고 모발 굵기에서의 변화, 모피지선 단위의 순환활동 비율이나 생장기에서 휴지기 단계로 변화하는 비율은 모발 성장과 탈모를 결정짓는다.

(1) 생리적 탈모(hair loss)

모낭변이 과정에서 성장 후 피탈되는 두발 수를 측정할 수 있다. 두발의 성장 주기는 모낭의 변이로서 성장, 퇴화, 휴지기를 한 주기로 보았을 때 10~15회 주기를 반복하며 이 주기가 일찍 끝나는 사람은 영구탈모(baldness)가 된다.

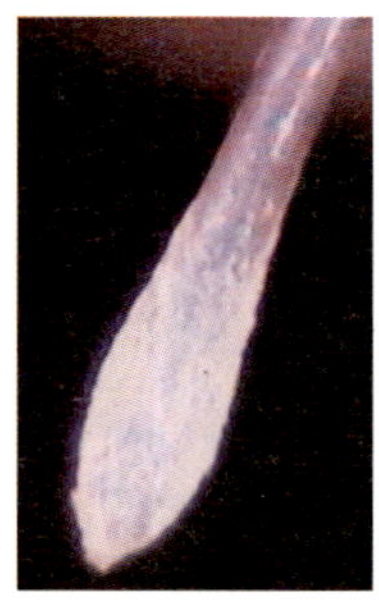

〈그림 65〉
생리적 탈모

(2) 병적 탈모(alopecia areata, baldness)

휴지기성 탈모증과 성장기성 탈모증 등으로 구분된다.

3. 모발과 호르몬

호르몬은 단독 또는 종합적으로 전신의 기능을 조절시키므로 인해 특별히 모낭에 대하여 어느 호르몬의 과부족이 영향을 주고 있는지 명확하게 정해져 있지 않다. 즉 내분비 기관이 모낭세포의 활동을 직접 시작하게 하거나 멈추게 하면서 모발의 성장을 조정하지는 않는다. 다만 모낭 성장을 더 촉진시키거나 더 더디게 하는 영향으로서 남성 호르몬(androgen)의 영향을 받는다. 그 반응의 질과 정도는 인체 모낭에 따라 3가지 형태로 분류된다.

- 성호르몬과 무관한 모발 – 눈썹, 속눈썹, 두개융기 이하 후두부의 포(髱), 전완부 이하의 팔, 다리털
- 고농도의 남성 호르몬과 관련 있는 모달 – 수염, 가슴털, 귀털, 코털, 음모, 이마 발제선에서 정수리 부위
- 저농도 남성 호르몬과 관련 있는 모발 – 음모의 아래쪽, 액와모, 기타 신체 모발

1) 뇌하수체 호르몬

이 호르몬은 외부 자극에 따른 정신적인 감동과 불안감의 잠재의식 그 외 여러 가지 스트레스 등 원인에 따라 간뇌를 통해 뇌하수체 호르몬이 다양한 호르몬으로 전환되어 분비된다. 뇌하수체 전엽인 샘뇌하수체(adenohypophysis) 호르몬은 갑상선(thyroid gland), 부신(adrenal gland), 성선(gonads) 등의 기능을 조절한다.

(1) 갑상선 호르몬

인체 모든 모발이 갖는 모낭의 활성도를 촉진시킨다. 즉 휴지기에서 생장기로 전환을 유도하며 모발 길이를 증가시킨다. 반면에 갑상선을 절제하거나 갑상선 기능을 억제하는 약물을 투여하면 인체의 모든 모발이 갖는 모낭의 활동이 억제되고 성장기의 시작을 지연시킴으로써 성장기 모발 직경을 가늘게 한다. 특히 갑상선 기능 저하증 환자는 액와부와 음모의 털이 감소되는 경향이 있다.

(2) 시상하부의 호르몬

시상하부는 뇌하수체 전엽 호르몬의 분비를 다시 조절하는 반면 뇌하수체 기능 감소증은 모발 성장을 감소시킨다.

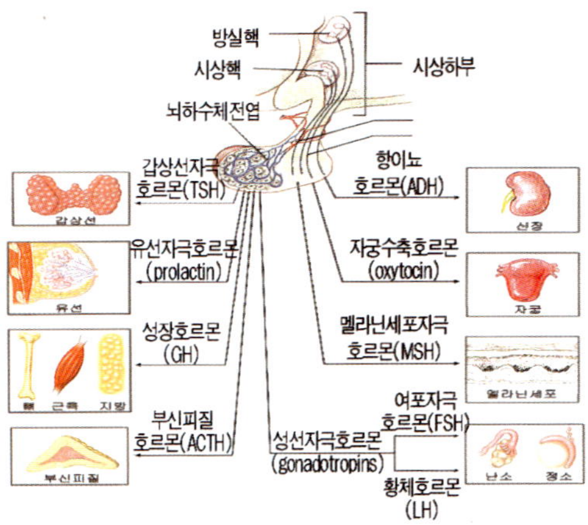

〈그림 66〉 뇌하수체 호르몬

2) 성 호르몬

성 호르몬이나 부신피질 호르몬 등은 분비로 인해 기능이 변화된다.

(1) 남성 호르몬(androgen)

이마 발제선과 두정부의 경모(terminal hair)를 연모화하는 남성형 탈모를 유발시키나 안드로겐에 의존하는 턱수염과 코밑수염 등은 오히려 성장시킨다.

(2) 코티졸(cortisol)

인체 모든 모발에 대해 성장을 억제한다. 생식선 절제술(gonadectomy)이나 부신 제거술(adrenalectomy)을 받게 되면 두발은 성장 효과가 있으나 몸에 성장하는 모발은 억제된다.

(3) 여성 호르몬(estrogen)

모낭 활동 시작을 지연시킴으로써 생장기 시 모발의 성장 속도뿐만 아니라 생장 기간까지도 연장시킨다. 인체 모든 모발에 대해 성장 억제 효과가 있다.

(4) 여성에서의 황체 호르몬(progesterone)

인체 모든 모발에 대해 거의 성장 억제 효과가 있으나 몸의 털에 대해서는 성장 촉진 효과가 있다. 그러나 모발 성장에 대한 직접적인 영향은 약하다.

3) 부신 호르몬

부신에 발생한 형태적, 기능적 이상을 총칭하며 변성, 순환장애, 진행성 병변, 종양 등을 포함한다. 부신은 피질과 그로 둘러싸인 수질로 분류된다.

(1) 피질

당질코르티코이드, 광질코르티코이드, 성스테로이드가 분비되며 뇌하수체 전엽에 분비한 분신피질 자극호르몬(ACTH)에 의해 조절되고 있다.

(2) 수질

카테콜아민이 분비되고 있다.

(3) 부신질환

① 호르몬 과잉상태

쿠싱증후군, 원발성 알도스테론증 등이 발생된다.

② 호르몬 결핍상태

에디슨병, 급성부신색전 등을 발생시킨다.

3

제Ⅲ장 모발 미세구조

중심부를 이루는 모수질과 이를 둘러싼 모피질 그리고 모표피로 구성된 모발은 모축에 따라 3개의 상이한 영역으로 나뉘어져 있다. 생합성 및 조직화가 이루어지는 제1 영역, 케라틴화 영역으로서 이황화결합 가교에 의해 안정화되는 제2의 영역과 함께 제3의 영역은 모발이 피부에서 나와 영구모 영역인 탈수상태의 각화세포와 세포간충물질로 구성된다.

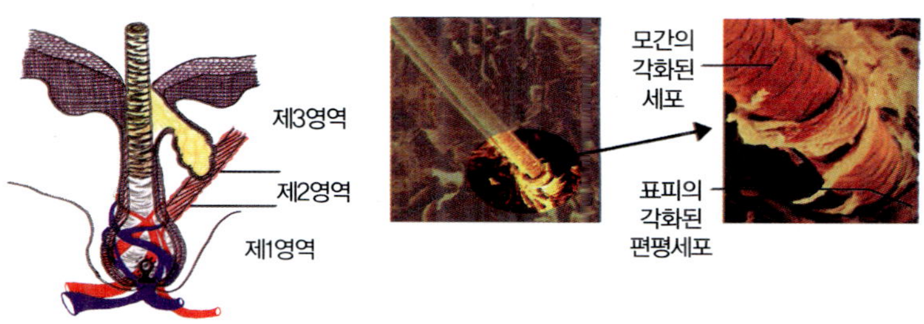

〈그림 67〉 영역구분이 갖는 제3영역

1. 모표피(Cuticle of hair, Ce)

중첩된 여러 층의 층상(lamellar) 구조를 이루는 모표피 비늘층은 모간의 껍질구조로서 모피질을 감싸고 있는 화학적 저항성이 강한 판상이 5~15층으로 구성된다.

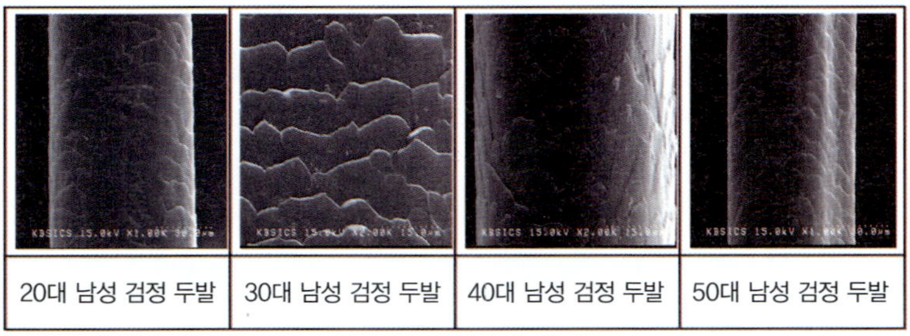

〈그림 68〉 SEM 상에서의 모표피 구조

모표피는 수모(獸毛) 섬유로서 모수질의 밀집도와 함께 모표피층 수는 섬유가 어떠한 종류의 동물로부터 나온 것인지를 판단하는데 중요한 단서가 된다.

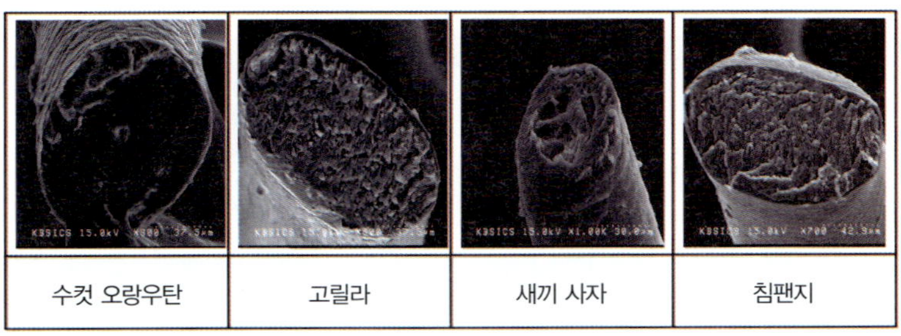

〈그림 69〉 SEM 상에서 수모의 횡단면 구조

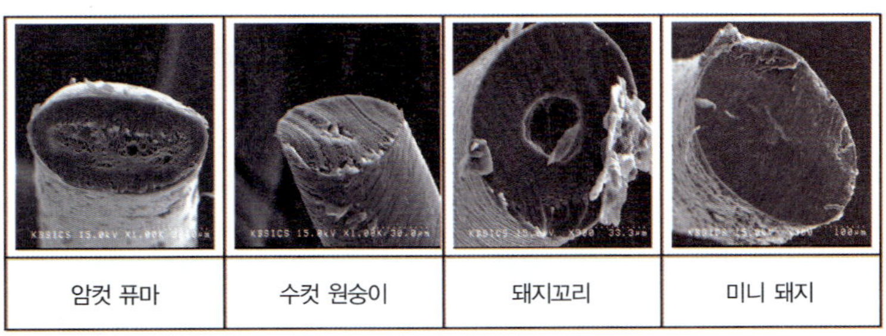

〈그림 70〉 SEM 상에서 수모의 횡단면 구조

비늘층의 수는 법정의 변론학(forensic studies)에서 혈통(origin)에 대한 단서를 제공하기도 한다. 일반적으로 2.5~5㎛ 정도 두께로서 부드럽고 깨지지 않은 비늘가장자리(scale edges)를 포함하고 있다. 비늘층은 미늘 톱니바퀴(ratchettlike) 구조로서 모발 간에 직접적 마찰효과를 가진 섬유 얽힘(entanglement)을 발생시키는 원인이 된다.

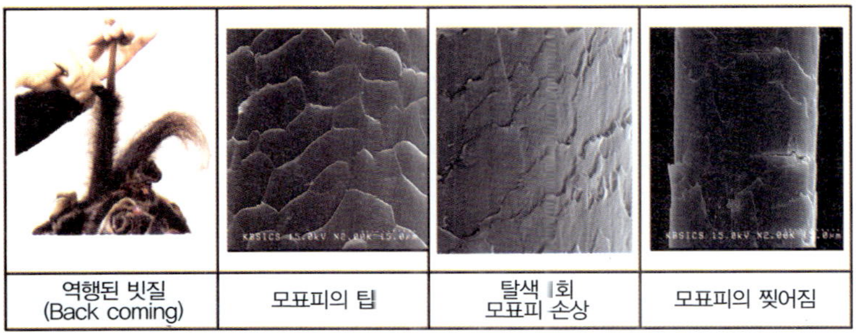

〈그림 71〉 모표피의 손상

광학전자현미경에 의한 모발 검사에서 비늘 팁 끝(tip end, serration)의 부서짐과 함께 분열된 팁은 비늘 구조의 점진적인 손상 이동을 유도시킨다.

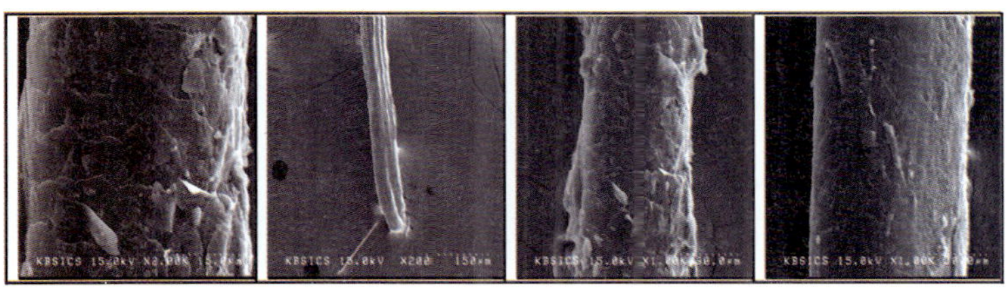

〈그림 72〉 모피질 층 노출

1) 모표피성 세포(Cuticular scale)

완전히 분화된 모표피 세포는 매우 고밀도 구조인 상표피(上表皮)와 세포간충물질(細胞間充物質)을 형성한다

(1) 상표피(cuticular scalp)

근본적으로 모발에 포함된 모표피는 지방질(lipid)과 섬유 모양의 단백질(fibrous protein) 층으로 구성되어 있다. 대략 25Å의 두께를 가진 얇은 막으로서 규칙적인 분자 배열을 드러내지는 못하지만 연속된 상표피로서 세포간충물질을 함유한 세포막 복합체이다.

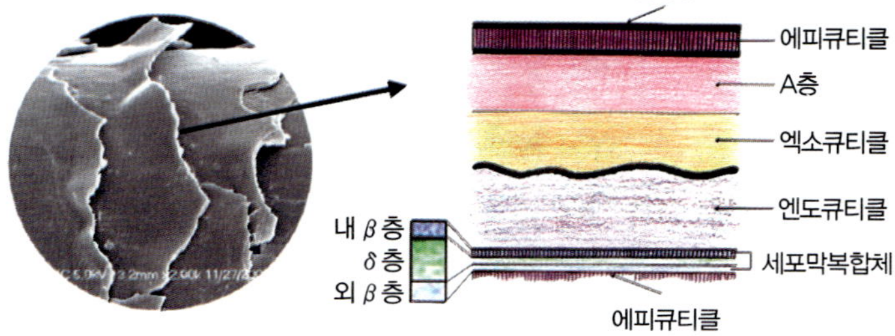

〈그림 73〉 표피의 층구조

① 에피큐티클(epicuticle, Ep)

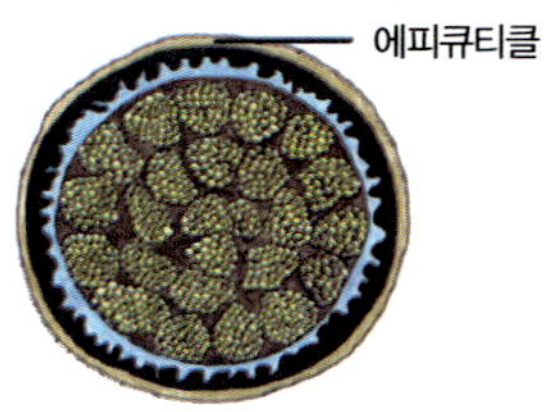

〈그림 74〉 에피큐티클

각각의 모표피 세포는 모피질과 대조적으로 얇은 외부막을 가진다. 이 막의 두께가 모질마다 다 다르게 측정되어지나 최외표피층 막 아래 모표피 세포막의 30%를 차지하는 A층은 높은 시스틴 내용물을 가진 저항층이다.

② 엑소큐티클(exocuticle)

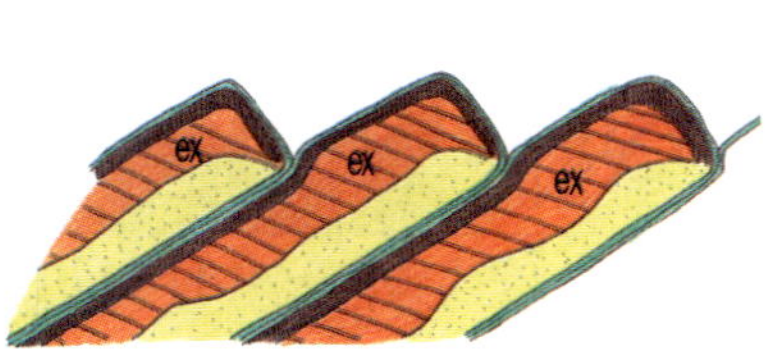

〈그림 75〉 엑소큐티클

모표피 층의 15%를 차지하는 이 층은 때때로 B층이라 불린다. 이는 모표피 구조의 2/3에 해당하는 시스틴 성분이 풍부한(cystine-rich, 30% 함유) 부드러운 케라틴 층으로서 세포막 복합체(cell membrane complex, CMC)를 이루는 얇은 층을 따라서 내표피 층인 엔도큐티클을 보호하고 있다.

③ 엔도큐티클(endocuticle)

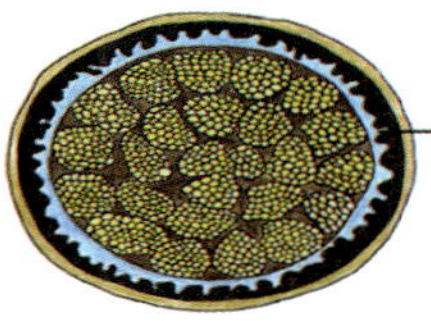

〈그림 76〉 엔도큐티클

모표피의 성분 중 3%를 차지하는 엔도큐티클은 기계적으로 가장 취약한 브분이며 동시에 시스틴 함유량 또한 가장 낮게 구성되어 있다. 이러한 구조는 모표피 섬유 단면에 의해 설명된다.

(2) 세포간 물질(ground substance)

상표피간을 접착시켜주는 세포간 물질인 세포막 복합체는 세포막을 접착시키는 접착물질로서 세포간 매장물이라고도 하며 두께는 약 400~600Å이다. 세포막 합성은 시스틴을 포함한 황함유 아미노산의 비율이 낮고 대부분 세포 내의 단백질과 비교했을 때 엔도큐티클은 때때로 비케라틴 영역(nonkeratinous regions)으로 언급되어진다. 이 영역은 미용 서비스 종목인 펌, 염 · 탈색, 웨트 헤어 스타일링에서 점점 더 중요성이 커지고 있다. 왜냐하면 모발 내르 용제의 진입과 열 확산의 반응을 주도하는 주요 경로로서 뿐만 아니라 모발 인장력에 따른 확장 과정에서 모표피의 분리와 손상에 관한 신호 역할을 하기 때문이다.

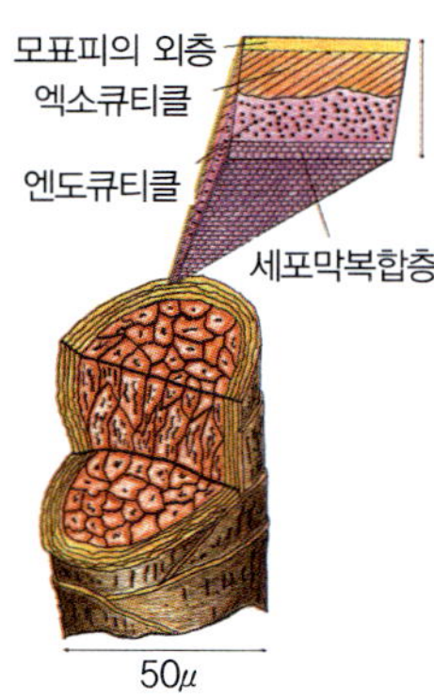

〈그림 77〉 세포막복합체

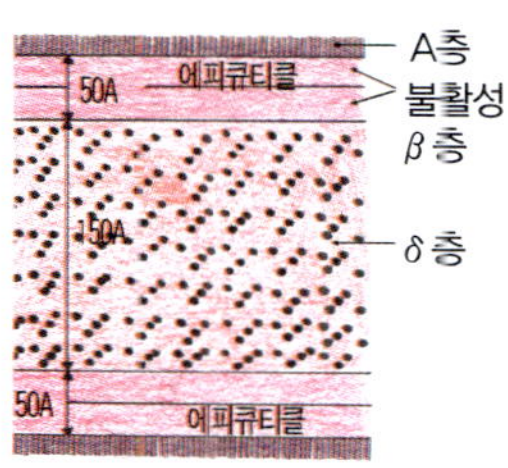

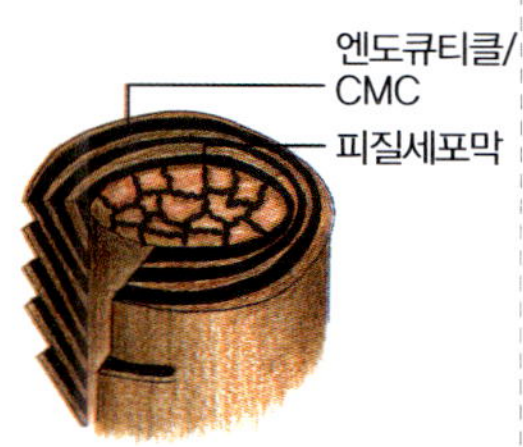

〈그림 78〉 모표피 간 점질물질

2) 모피질성 세포(Cortical cell)

모발의 강도(세기), 탄성, 유연성, 성장의 방향, 굵기, 질, 색소 등을 나타내는 섬유 다발로서 세포와 세포 내의 결합 물질을 구성하며 색소과립과 핵 잔존물을 포함한다.

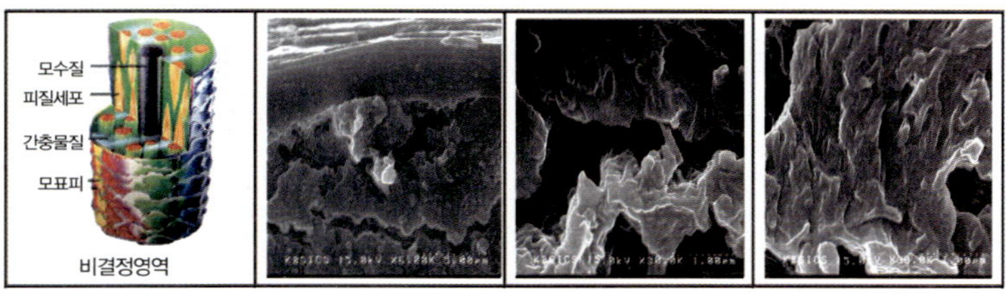

〈그림 79〉 30대 남자의 모피질층

(1) 결정영역

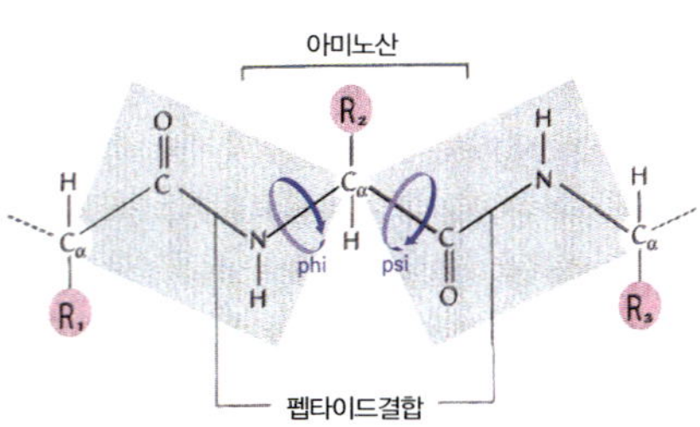

〈그림 80〉 펩타이드 결합

기단위(subunit)인 폴리펩타이드를 토대로 거대분자를 구성한다. 즉 아미노산 카복실기의 수산기(—OH)와 이웃하는 아미노산 아미노기의 수소기(-H)가 결합하여 탈수(dehydration)됨으로써 축·중합에 의해 펩타이드($\overset{O}{\overset{\|}{C}}-\underset{H}{\underset{|}{N}}$)기를 구성시킨다. 단백질 1차 구조는 아미노산끼리 이어진 펩타이드 결합으로서 이는 C와 N이 서로 전자를 공유하는 공유결합(covalent bond)을 이루고 있다.

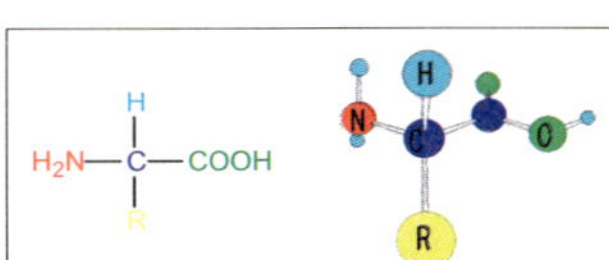

C: 탄소(ㅁ-탄소)
R: 측쇄(각종의 기, side chain)
F NH_5: 아미노기(amino group)
-COOH: 카복실기(carboxyl group)
이 화학식은 작용기의 장소를 표시하지만 구조는 실제로 정확하지 않다.

〈그림 81〉 아미노산의 기본 구조식

① 폴리펩타이드(polypeptide, PC)

구성된 다수의 펩타이드는 사슬의 공유결합이 서서히 반복되어 사슬 모양으로 길어지는 것으로서 아미노산 100개 이하, 분자량 1만 이하를 폴리펩타이드라 한다.

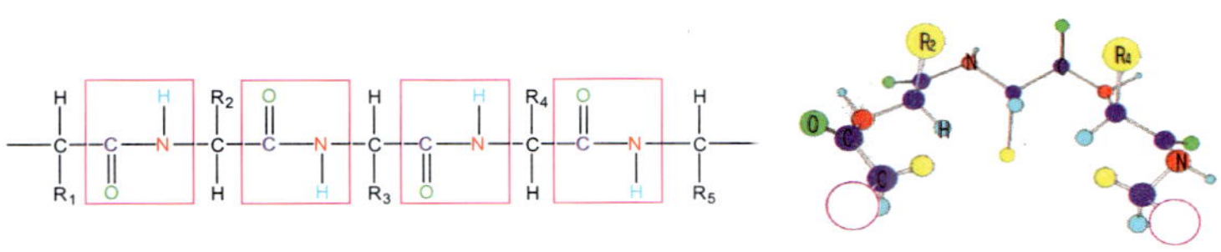

〈그림 82〉 PC

② 헬릭스 구조(α-나선)

폴리펩타이드는 α-나선의 기단위 구조가 된다. α-나선의 기단위인 폴리펩타이드 3개가 한 조로 묶어지면 α-나선 단위가 구성된다.

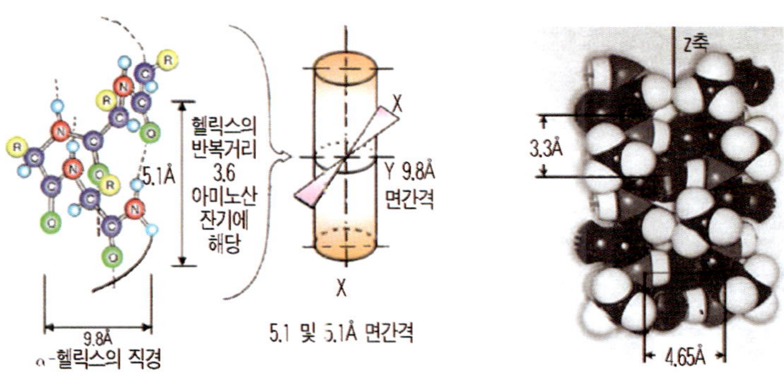

〈그림 83〉 α-나선의 분자모형

③ 원섬유(protofibril)

α-나선 기단위가 9+2의 배열로서 원섬유를 형성한다. 원섬유인 프로토피브릴(protofibril)의 다중체 구성은 또한 이 원섬유를 기단위로 한 다량체 다발(polymer bundle)이 된다.

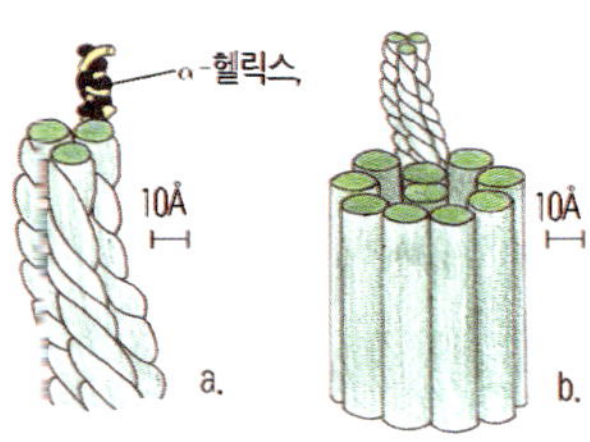

a: α-나선, b: 프로토피브릴

〈그림 84〉 원섬유의 9+2 구조

④ 미세섬유(微細纖維, microfibril, MiF)

미세섬유인 마이크로피브릴(microfibril, MiF)은 원섬유를 기단위로 구성하고 있다.

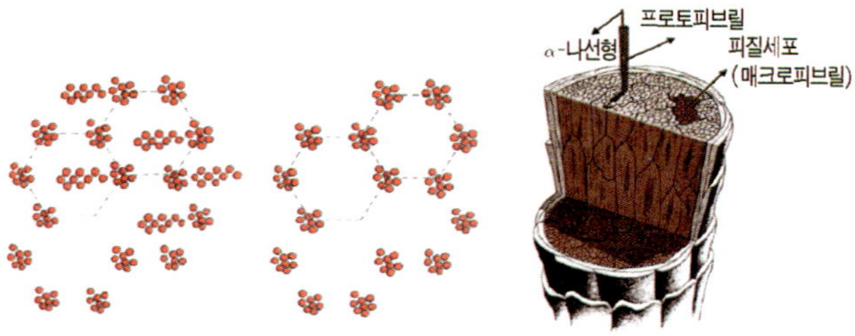

〈그림 85〉 모피질 내 마이크로피브릴

⑤ 거대섬유(macrofibril, MF)

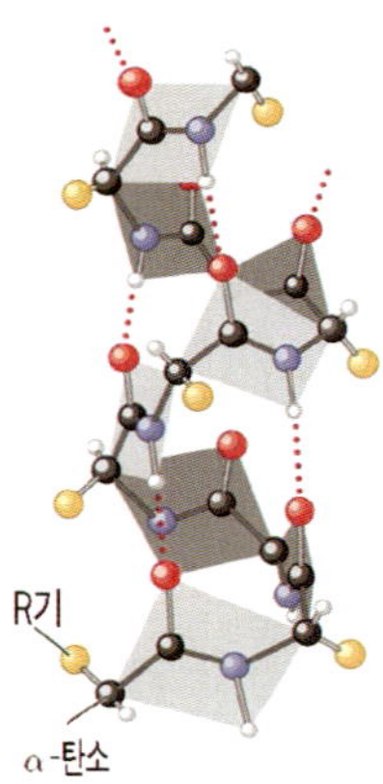

〈그림 86〉 공간 반복성

구성된 미세섬유를 기단위로 한 모피질성 단위의 매크로피브릴은 거대섬유인 고분자 화합물로서 모피질 구조를 형성시킨다. 다시 말하면 결정체적 고체로 정렬된 결정영역에 대한 X-ray 회절 연구는 분자 특성으로서 공간 반복성을 나타낸다. 미세섬유인 마이크로피브릴(MiF)이 다수 모여 매크로피브릴(MF)을 구성하나 MiF의 배열은 부분적으로 다르다. 즉 MF은 MiF이라는 보조 섬유구조로서 나선상(helix) 형태로 늘어져 있다.

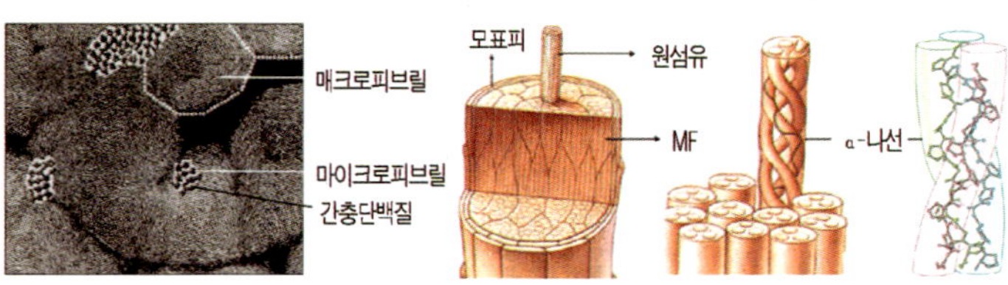

〈그림 87〉 오쏘-피질의 나선 양식에서 모피질 세포의 단면

(2) 비결정영역(matrix)

단백질을 이루고 있는 아미노산의 잔기(residue, R)인 R_1, R_2, R_3, …의 원자단인 측쇄는 시스틴 · 염 · 펩타이드 · 수소 · 소수성 등의 결합을 가짐으로써 모발 아미노산 특유의 성질을 나타낸다.

① 시스틴 결합(covalent disulfide linkage or disulfide bond)

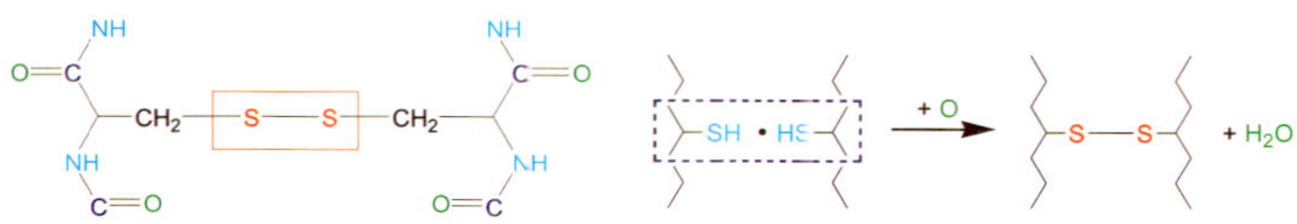

〈그림 88〉 시스틴 결합

모발 구조의 화학적 반응을 이용함으로써 절단시키고 다시 재결합시킬 수 있는 이 결합은 축모 교정을 포함한 웨이브 형성이 가능하다. 모피질 내 측쇄 잔기인 시스테인은 생체 내의 산화 환원 과정에서 중요한 역할을 한다. 이는 2분자 시스테인이 산화됨은 탈수를 동반한 반응에 의해 상호 —S—S—로 결합한다. 다시 시스틴으로 환원되면 가수분해됨으로써 2분자의 시스테인으로 되돌아간다.

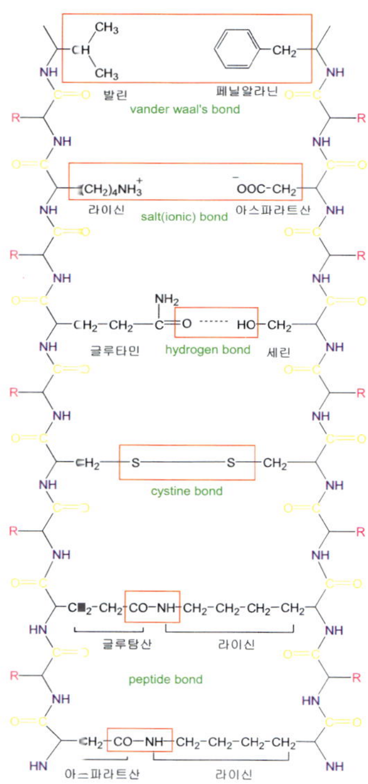

〈그림 89〉
측쇄 결합간 측쇄기의 화학적 결합

②염 결합(coulomb force or salt linkage -NH^+_3… OOC^-)

아미노산 결사슬의 양전하와 음전하 사이의 결합으로 형성되는 염 결합은 케라틴 섬유강도에 약 35% 정도 기여함으로써 산, 알칼리에 쉽게 파괴된다. 이는 라이신($(CH_2)_4-NH^+_3$) 또는 아르기닌($(CH_2)_3NHC(NH_2)=NH_2^+$) 잔기의 (+)로 하전된 암모늄 이온과 아스파라트산(aspartic acid, $-^-OOC-CH_2-CH$) 잔기의 (−)로 하전된 카복실기 이온 간의 정전기적인 결합으로서 pH 4.5~5.5일 때 결합력은 최대가 된다. 정전기적 상호작용인 이온성 결합은 반대 전하 사이의 정전기적 인력 또는 같은 전하 사이의 반발력으로 발생한다. 그 밖에 단백질 또는 펩타이드 결합의 아미노기 말단과 카복실기 말단 잔기들은 보통 이온화된 상태로 존재하며 각기 양전하 또는 음전하를 가진다. 이들 모두가 단백질 구조에서 정전기적 상호작용을 한다.

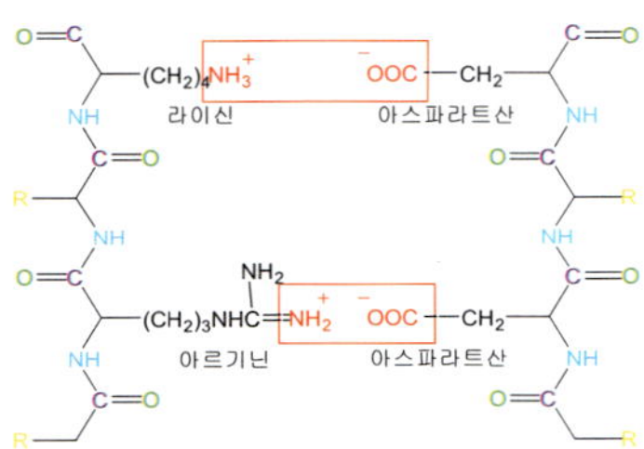

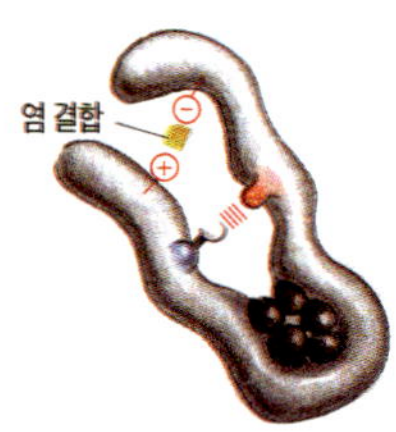

〈그림 90〉 염 결합

③ 펩타이드 결합(covalent peptide or ester linkage)

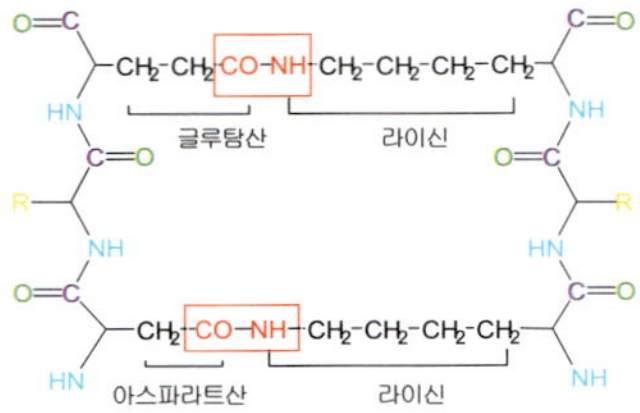

〈그림 91〉 펩타이드 결합

주쇄를 구성하는 펩타이드 결합 역시 측쇄잔기 글루탐산(glutamic acid, $(CH_2)_2-CO-NH-$) 잔기의 카복실기($-COOH$)와 라이신 잔기의 아미노기($-NH_2$)에서 축합 과정에 의해 물이 제거되어 $-CO-NH$기로 축·중합 된다. 이러한 결합은 명확히 규명되지는 않았으나 모발 케라틴 내에 존재하는 3종류 아미노산 사이에서 일어나는 결합력이다.

④ 수소 결합(hydrogen bond, C=O…HN)

수소 결합은 일반적으로 해당 단백질 구조 내에서 가능한 모든 곳에서 만들어진다.

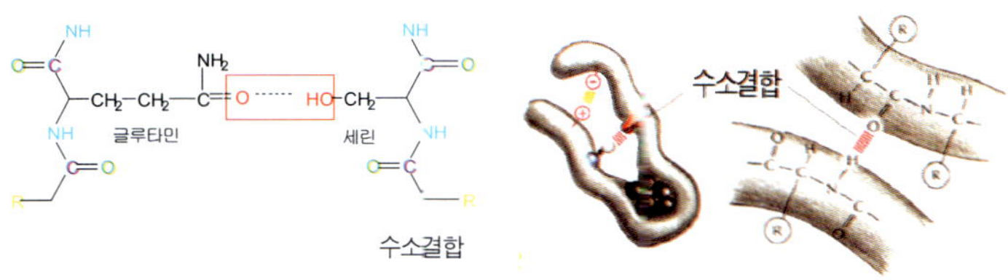

〈그림 92〉 수소 결합

펩타이드 골격의 구성 원자들과 함께 α-나선에서는 각 잔기의 C=O와 H-N이 수소 결합에 참여한다. 즉 펩타이드와 그것에 인접한 카복실기 사이의 결합으로서 〉C=O는 $〉C^{\delta+}=O^{\delta-}$, N-H는 $〉N^{\delta-}-H^{\delta+}$로서 극성을 띠므로 -CO의 O와 -NH의 H 사이에 수소 결합(O…H)이 이루어진다. 이는 단백질 2차구조를 형성시키는 역할을 한다.

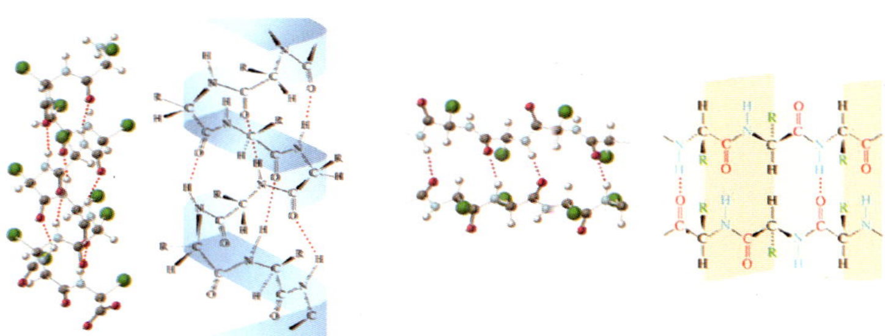

〈그림 93〉 수소 결합에 의한 단백질 2차구조

⑤ 소수성 결합(vander waals forces)

극성을 띠는 물속에 비극성 기름 방울을 넣으면 기름 방울끼리 모이는 현상과 비슷하다. 비극성의 측쇄잔기가 주위에 둘러싸인 물로부터 떨어져 서로 모이는 작용을 일반적으로 소수성 결합이라고 한다. 단백질의 3차구조(tertiary structure)는 비극성의 곁사슬이 중심부에 파묻히는 것처럼 되고 바깥쪽에는 극성의 측쇄잔기가 둘러싸인 듯한 모양으로 결합을 이루고 있다.

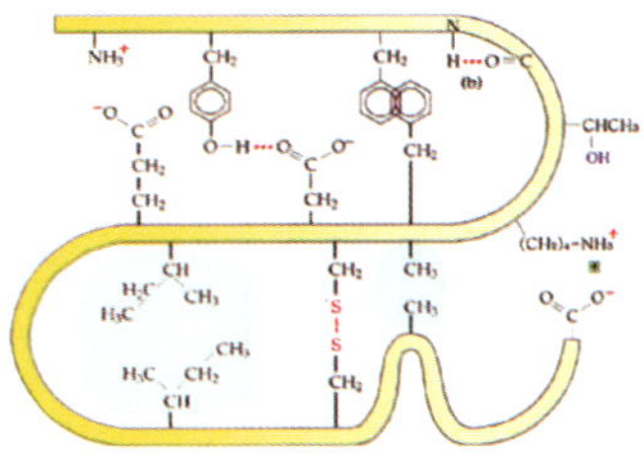

〈그림 94〉 소수성 결합

3) 모수질(Medulla of hair, M)

모수질은 중간 정도로 각질화된 입방세포로서 발달 여부를 결정하는 요인은 잘 알려지지 않고 있다.

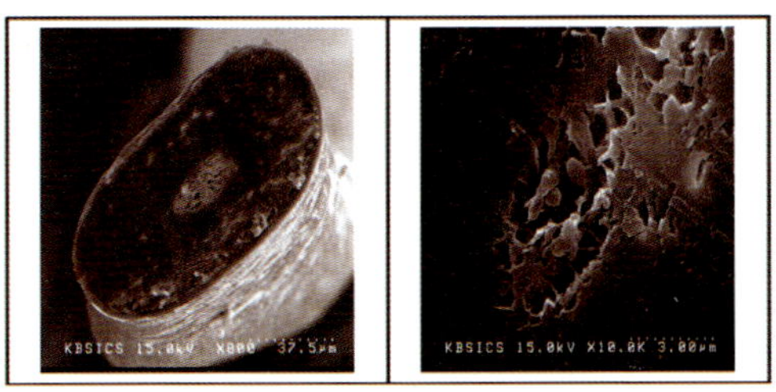

〈그림 95〉 모수질의 공공

모간에 있어서 최종 분화된 모수질은 응집됨으로서 딱딱하고 공포(vacuole)가 많은 섬유 연결망(trabecular network)을 형성, 세포막 합성 타입의 물질과 함께 묶여있다. 모수질은 완전히 없거나 또는 섬유의 축에 계속적으로 존재하거나 또는 계속적이지 않거나 하는데 어떤 경우에는 더불어 모수가 발견되어지기도 한다.

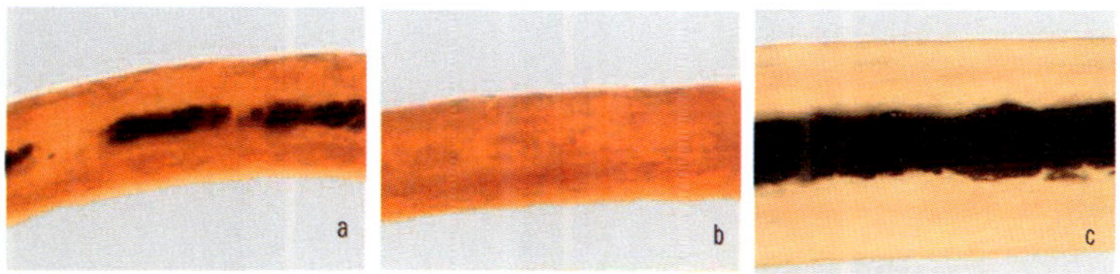

a: 검정모발의 단편적인 모수질 b: 모수질이 없는 금발 c: 연결된 모수질의 백발

〈그림 96〉 모수질의 형태

모수질은 인간 모발 섬유의 화학적 물리적 구성에 별다른 기여를 하지 않으며 용해되기가 힘들고 비교적 적은 과학적 관심을 받았다. 한편 한랭지 서식 동물털에서 약 50%를 차지함으로써 보온에 따른 공기를 함유하는 역할을 한다.

모수질은 기계적, 화학적으로 거의 손상받지 않으나 나이가 들수록 모수질의 크기가 커져가는 현상을 나타낸다. 경케라틴 다발 내에 형성된 모수질은 대나무와 유사한 규칙적인 마디를 형성하고 있다. 이 마디가 모수질의 관 구조를 강화시킴에 따라 모간에서 고립된 공공(insulative cavity)이 메워지지 않는 힘을 발휘함으로써 빈 공동 이상의 역할을 갖는다.

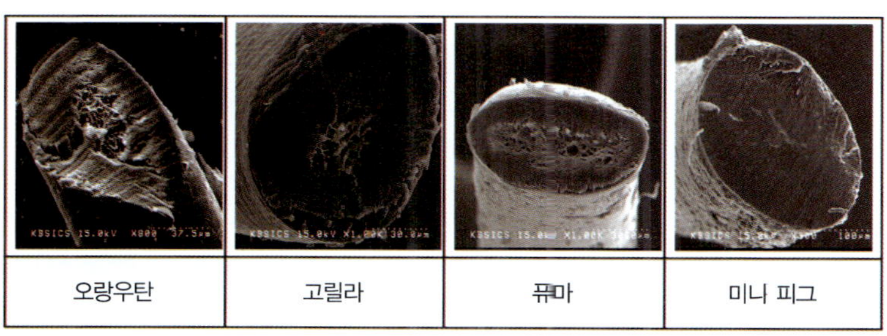

〈그림 97〉 포유동물의 도수질

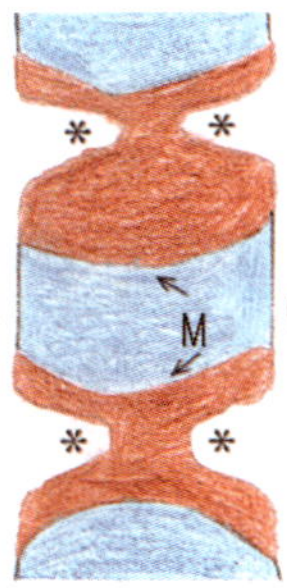

Cx: cortex M: medulla

〈그림 98〉
모수질로서 돌출된 경케라틴 다발

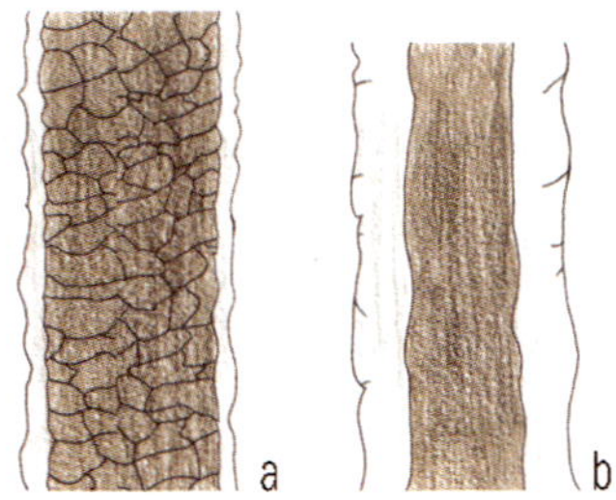

a: 격자형 b: 단순형

〈그림 99〉
연속상 모수질

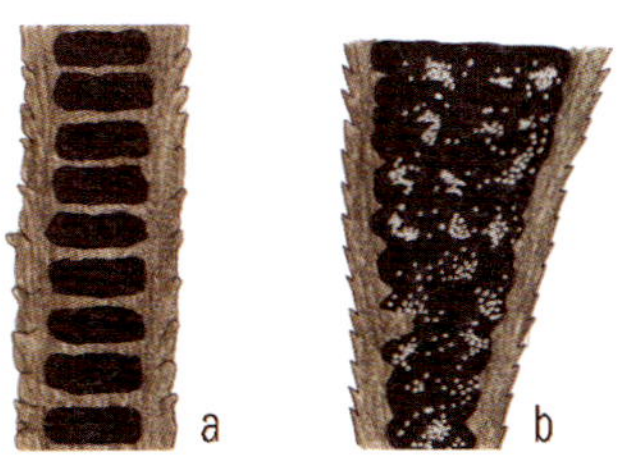

a: 사다리형 b: 다중연속형

〈그림 100〉
비연속상 모수질

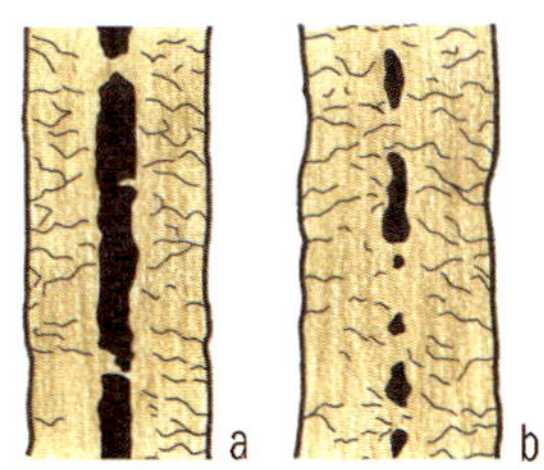

a: 중절형 b: 분절형

〈그림 101〉
사다리형 모수질

2. 모발 형상에 따른 구조

1) 이중구조(Bilateral structure)

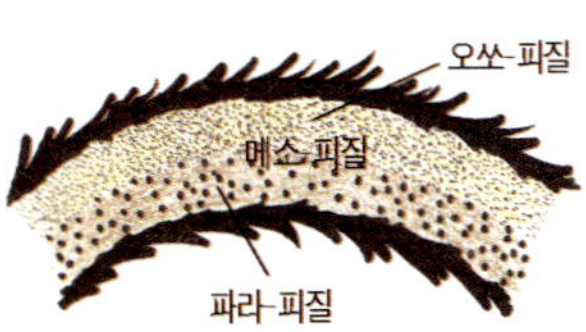

〈그림 102〉 피질성 세포

형태학적으로 인간의 두개피 모발은 피질성 세포에 있어서는 모두 유사하다. 피질성 세포는 세포 중앙 가까이에 있는 작고 긴 구멍을 가졌으며 색소과립과 핵 잔존물을 포함한다. 모발 횡단면에서 쉽게 관찰되어지는 피질성 세포는 오쏘와 파라, 메소 등의 뚜렷한 부분으로 분리된다.

① 오쏘-피질성 세포(ortho-cortical cells)

반응의 최종 산물 형성에 필수적인 화학반응 과정 중에 만들어지는 미세한 섬유인 중간 섬유(intermediate filaments, IF)와 황을 적게 포함(lower sulfur)한 물질 사이에서 생성되는 낮은 간충물질을 포함한다.

② 파라-피질성 세포(para-cortical cel s)

작은 직경으로서 부드럽고 둥근 경계를 가지며 많은 황을 함유한다.

③ 메소-피질성 세포(meso-corticle)

중심부의 피질성 세포인 메소-피질성 세포는 과정 중에 만들어지는 중간체(intermediate) 시스틴 물질을 가진다.

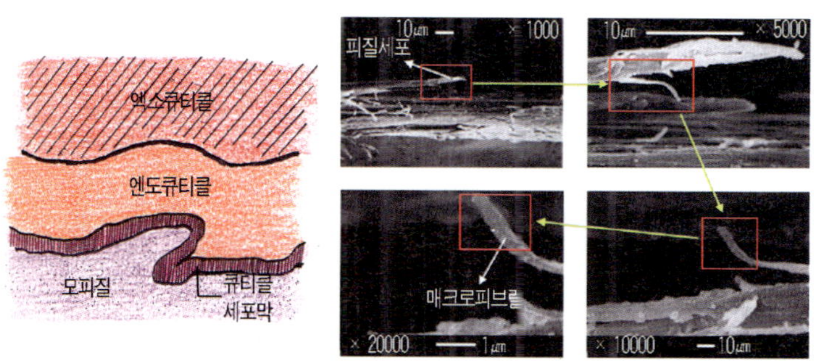

〈그림 103〉 모표피와 모피질의 구조 단위

2) 공공(空孔, Void)

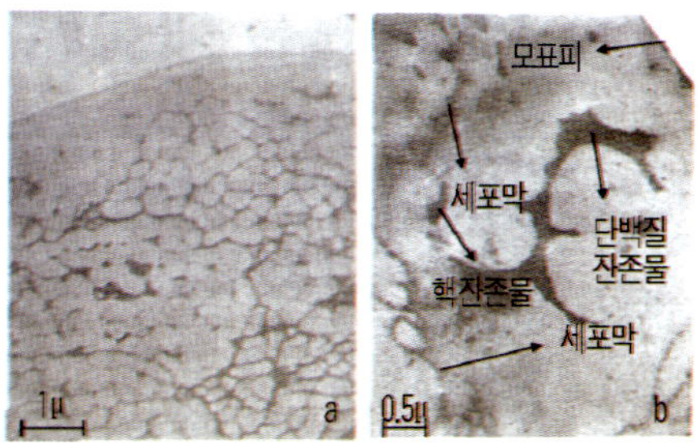

a: ortho-피질 b: para-피질

〈그림 104〉 피질의 이중구조

모유두의 모기질 상피세포가 분열증식을 되풀이하여 세포를 만들며 이 세포가 밑에서 순서대로 피부 밖으로 향해 밀려나가는 것이 모발의 성장이다. 그 동안에 각화되어 수분이 적어져 단단해지는 것으로써 생세포에 포함되어 있는 수분이 분산되어 없어진 자리인 빈 구멍은 섬유 내부의 내부 표면으로서 그 면적은 외부표면(겉보기 표면)보다 몇 배의 크기로 되어 있다.

이는 흡착, 팽윤 등의 물리적인 현상이나 화학 반응에 중대한 역할을 하고 있다. 백모가 빛나 보이는 것 또한 공공의 존재에 의해 빛이 난반사하고 있기 때문이다. 전자현미경 관찰에 의하면 구멍은 가늘고 길며 크기는 각각 다르다. 섬유질 방향으로 늘어서 있으며 그 구멍은 전체적으로 어딘가와 연결되고 또한 간충물질에 많이 존재함으로써 섬유 단면의 10%를 차지하고 있다.

3) 축모와 직모(Curly hair and straight hair)

축모는 직모와 비교했을 때 모발 아미노산의 구성은 비슷하나 모간에 따라서 다양한 직경을 가지고 있으며 한 개의 두발에서도 모경지수가 다름을 나타낸다. 직모는 단면이 원형에 가까운 것에 비해 축모의 단면은 타원으로 변형되어 있다.

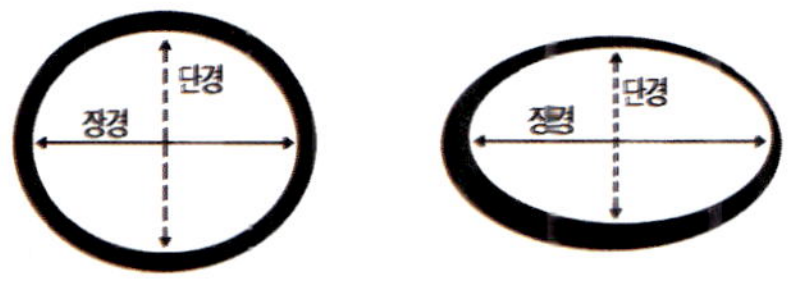

a. 직모 직경 타원율= 1.4　b. 파상모 직경 타원율= 1.895

〈그림 105〉 카프카스인의 직모와 파상모의 타원율

또한 직모는 오쏘 세포(ortho cortex)와 파라 세포(para cortex)가 전체적으로 섞여 조화된 구조를 갖고 있으나 축모는 오쏘와 파라 두 종류의 모피질이 전체적으로 조화롭게 구성되지 않으므로 인해 나타난다.

(1) 축모

오쏘세포와 파라세포의 기울기가 원인으로서 모발 자체 길이에서 뒤틀림(crimp)이 일어나기도 한다. 모발 직경에서 변화의 다양성을 가진 축모는 다양한 지점에서 비틀림(twisted)을 가진다. 주사전자현미경(SEM)의 물리적 모양 검사에서 비틀린 부분의 직경은 비틀리지 않은 부분보다 매우 작음을 나타낸다. 축모는 직모보다 오쏘세포의 비율이 더 높게 함유되어 있다.

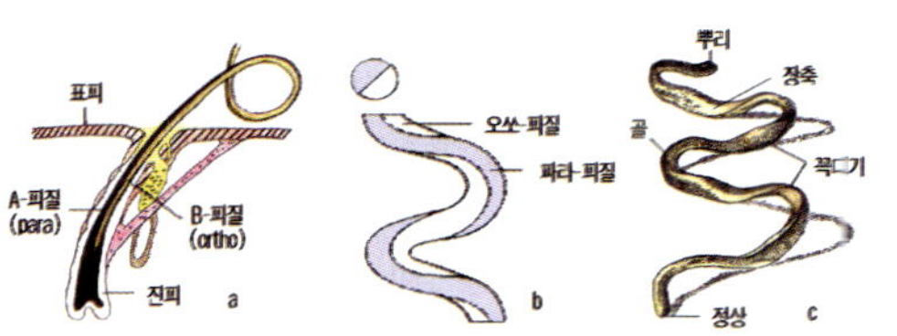

a: 모낭내 이중구조 b: o, p-피질의 구조 c: 권축의 확대 그림

〈그림 106〉 바이라터랄 구조

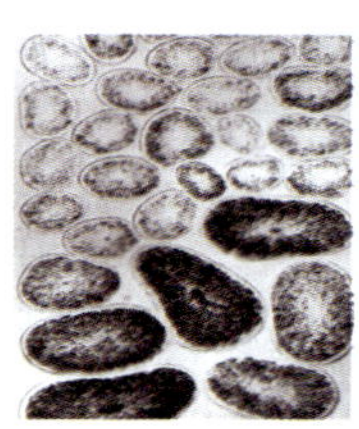

〈그림 107〉 여러 두발의 단면

(2) 직모

모표피는 6~8개 층이 두꺼운 반면에 축모의 모표피는 장축의 끝에서 6~8층이고, 단축의 끝은 비늘층이 하나에서 둘 줄어든 변화되기 쉬운 두께를 가졌다. 그러므로 축모는 비틀어진 타원형과 직모는 원통형과 닮은꼴이다.

〈그림 108〉 직모와 축모

축모의 신장 특성에서 직모와 비교했을 때 응력이 낮아 모발이 쉽게 끊어진다. 이는 모발 축에 따라 비틀려진 영역이 상대적으로 낮은 응력 또는 확장력과 함께 두개피부 또한 건조되는 경향이 있기 때문이다. 이러한 경향을 가진 두발들은 모낭 내 피지선들이 종종 생동적이지 못하여 불충분한 피지량을 분비한다. 그러므로 두개피부는 건조하고, 모발 줄기를 따라 분포될 수 있는 천연 오일이 적어 건조한 두발을 가지게 된다. 축모에 대한 빗질 또는 브러싱 기법같은 기계적인 방법은 두발섬유에서의 정발을 위한 엉킴을 풀어줄 때 특히 손상되기 쉽다.

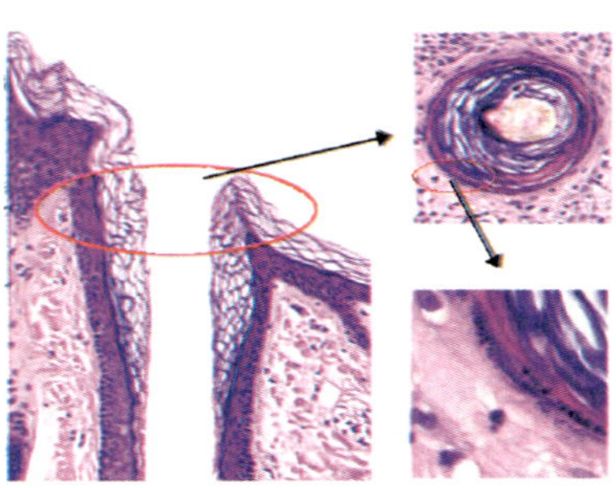

〈그림 109〉 모낭의 누두상부 구조

〈그림 110〉 축모에 대한 빗질

3. 모발색(Natural hair' s color)

멜라닌 색소 양과 분포에 따라 모발색은 결정된다. 이는 모발의 기본 색조(underlying pigment)로서 모구부 내 색소형성세포가 생성하는 멜라닌 소체 분포에 의한다. 모발의 석이 멜라닌 과립 존재로서 멜라닌 과립은 색소를 생성시키는 세포에서 발견되는 '특정효소(tyrosinase)' 의 조절에 의해 자연적으로 생성되는 단백질을 상당히 복잡하게 변형시킴으로써 채색된다. 백모(日毛)는 색소형성 세포수의 감소 또는 멜라닌 소체를 만드는 활성도의 저하로 인해 모기질(matrix) 및 모피질에서 멜라닌 색소가 사라지게 됨을 나타낸다. 때에 따라서는 색소형성세포 특히 외모근초의 색소형성세포가 기능저하에 의해 노화성 백모가 되기도 하나 색조모로서 그러나 노화성 백모는 다시 회복되는 경우도 있다.

백모는 정상적인 노화(aging) 과정에서 나타나는 필연적인 결과로서 모구의 멜라닌 세포 수 및 기능이 감소함에 따라 생기나 그 자세한 발생 원인은 알려져 있지 않다. 나이가 듦어 따라 모발은 멜라닌 색소의 결핍으로 인하여 회색(graying)이 되어간다. 생화학적으로 도파퀴논에서 그 작용을 멈추므로 모발이 각화되어 위로 밀려 올라가면서 백모 즉 새치로서 '타이로시나제' 효소를 만들지 못하여 산화작용이 이루어지지 못한 상태이다. 최근 이론은 멜라닌 세포 내의 타이로시나제 활동과 대사산물의 축적물이 백발에 기여한다고 제시하기도 한다. 백모는 모발의 색깔이 옅은 백인에 비하여 한국인처럼 흑색 모발을 가진 동양인에서 더욱 뚜렷이 드러나기 때문에 미용적, 심리적 관점에서 문제가 된다.

1) 백모(Gray hair)

색소형성세포의 기능 저하는 그 원인이 후천적 영향으로서 각 개체 해당 유전인자에 의하여 조절된다. 백모 모낭에서는 효소제인 타이로시나아제(tyrosinase) 활성도가 감소됨으로써 즉 흑색 모발에서 발견되는 멜라닌세포 자극 호르몬(−melanocyte stimulating hormane, −MSH) 결합부가 백모에는 발견되지 않는다. 노화과정에서 볼 수 있는 백모의 멜라닌 세포는 성장발달 및 소멸에 관해 유전적으로 결정되어 있는 내재적 시계(internal clock)를 가지고 있으므로 인종 또는 개인에 따라 발생되는 시기는 달라진다. 그 외 색소형성세포에서 표현되는 세포 소멸(apotosis) 억제 기능을 담당하는 Bcl−2 유전자 비활성화도 하나의 원인이 된다.

두개피 모발이 몸의 다른 부위 모발에 비해 빨리 희게 되는 까닭은 다른 부위보다 상대적으로 생장기 모발의 비율이 높기 때문이다. 모발이 피부에 비해 색소형성세포 생장기 증식력이 빨라 모발 색소형성세포는 모발의 생장기 동안 멜라닌을 최대한 증식 생산하므로 쉽게 노화된다. 또한 나이가 많아짐에 따라 피부 색소형성세포는 10년에 10~20%씩 감소되나 모낭 내의 색소형성세포는 언제까지 남아있을지에 관해서는 확실히 밝혀지지 않았다.

백모 발생 과정은 점진적으로 진행된다. 모발 각각을 관찰해 보면 흑색과 백색 사이 여러 가지 중간 색조의 모발이 존재하나 우리 눈에는 어느 시점에서 급격히 흰색으로 바뀐 것으로 보일 수 있다. 백모는 일반적으로 남녀에게 비슷하게 발생한다. 임상적으로 양빈에서 시작하여 곡과 포로 진행되므로 백모의 초발부위 및 다발부위 모두 두개측두부가 가장 많다. 백모 발생 시기는 초발연령 또는 가족력과의 관계로서 초발 연령이 빠른 경우 가족력을 갖는다. 대체로 신체 부위의 모발 중 턱수염에서 가장 먼저 백모가 나타나나 액와부, 음부, 흉부의 모발은 연령이 증가하더라도 쉽게 백모가 생기지 않는다.

2) 색조모(Pigmented hair)

색소 형성은 멜라닌 생성 과정의 여러 단계를 나타낸다. 우선 노란 색소가 형성되고 그 다음에 어떤 효소가 노란 색소를 붉은 색소로 변화시키며 다른 효소가 그 붉은 색소를 검정 색소로 변화시키게 된다. 모든 사람들이 멜라닌 과립을 이렇게 전체적인 색분광에 따라 바꿀 수 있는 능력을 갖춘 것이 아니듯이 어떤 사람들은 검정 색소만을 만들어 낸다. 이들은 검정 색소를 얼마나 생성해내는 가에 따라 짙은 갈색이 포함된 검정 모발을 지니게 된다. 한편 다른 사람들은 오직 붉은 색소나 노랑 색소만을 생성할 수 있기 때문에 금발이나 붉은 모발을 가지게 된다.

이렇듯 형성된 멜라닌의 유형과 분포량 등의 요인은 사람마다 독특한 모발색을 드러내며 모발의 두께, 색소과립의 총 개수와 크기를 나타내는 농도, 유멜라닌과 페오멜라닌의 비율 등으로서 모발색의 결정은 3가지 요인으로 작용된다.

모발 중 우리가 눈으로 볼 수 있는 제3의 영역인 모간은 모표피, 모피질, 모수질로 구성되어 있다. 모수질을 감싸고 있는 모피질은 모발에서 가장 두터운 부분(80~90%)으로서 멜라닌이라는 자연색소 물질인 색소과립을 포함하고 있다. 색소과립은 멜라닌 세포 내의 소기관인 멜라노좀에서 합성되며 멜라노좀에서 합성된 색소과립이 수지상돌기를 통하여 주위의 단백질 생성 세포(keratinocyte)로 전송된다. 최초의 멜라노좀 골격이 형성될 때 그 골격에 타이로시나제 효소가 작용을 함으로써 멜라닌의 생합성은 이루어진다.

〈표 3〉 모발색의 범위

등급	자연 모발 등급(depth level)	기여색소(underlying pigment)	모발색(natural hair's color)
10	매우 밝은 금발(very light blond)		
9	밝은 금발(light blond)		
8	중간 금발(medium blond)		
7	어두운 금발(dark blond)		
6	밝은 갈색(light brown)		
5	중간 갈색(medium brown)		
4	어두운 갈색(dark brown)		
3	아주 어두운 갈색(darkest brown)		
2	갈색을 띤 검정색(brownish black)		
1	검정(black)		

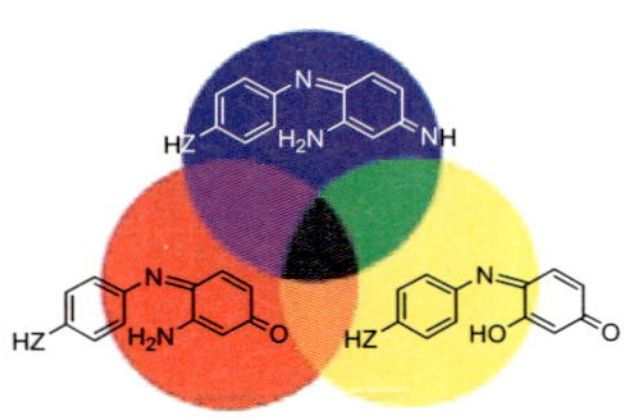

〈그림 111〉 3원색의 색원물질

우리들의 눈을 통해 보이는 색은 색소를 스스로 발현시키는 색원물질(chromophores) 때문임이 명확하 듯 멜라닌 함유량에 의해서 결정되는 모발색은 두 종류 멜라닌의 총량과 개별적 또는 혼합된 유멜라닌과 페오멜라닌의 비율로서 사람마다 각기 다른 결과색을 나타낸다. 어두운 모발은 밝은 모발보다 상당히 많은 멜라닌을 함유하고 있다. 그러나 검정 모발은 모발 구성물질 중 총 3~4% 정도로서 유멜라닌 색소 입자 크기에 의해 결정된다. 대조적으로 붉은 모발은 색소 분자가 아주 작으며 불규칙한 모양으로 형성되어 있기 때문에 발산되는 색으로 보인다.

즉 모발색은 색조인 명도(lightness)와 색상(hue of color)을 갖는다. 즉 밝음과 어두움, 차가움과 따뜻함이 갖는 색조와 빨간, 노랑, 파랑이 갖는 색상은 어둡거나 밝거나 중간색을 나타내는 범주를 갖는다.

이는 색조의 균형으로서 노랑 30%, 빨강 20%, 파랑 10%로 이루어짐으로써 모발은 색조 비율농도에 따라 갈색이나 금색 등이 된다. 이러할 때 모든 자연 모발색은 위와 똑같은 비율에서 기본색 모두를 균형있게 함유하고 있다. 유 및 페오멜라닌 외에 모발색의 발현에 있어서 나이 또한 모발색을 결정시키는 결정적 요인이 된다.

3) 모발색의 기작(Mechanism of natural hair's color)

인체 내에는 단백질로 구성된 다양한 자연 화학물질들이 있다. 각 화학물질인 아미노산은 각각의 역할을 하나 이중 특히 색상에 관계되는 아미노산은 타이로신이다. 흑 · 적 · 혼합멜라닌 등은 타이로신을 전구체로 한 타이로시나제 효소가 산화 · 환원반응을 통해 색소과립인 멜라닌을 형성한다.

a 유멜라닌 b 혼합 멜라닌 c 페오멜라닌

〈그림 112〉 다양한 두발색을 구성하는 멜라닌

생화학적으로 유멜라닌(eumelanin)과 페오멜라닌(pheomelanin)의 기전은 타이로신에서 도파-퀴논(DOPA-quinone)까지의 반응경로는 같다. 도파퀴논은 두 가지 경로로 반응이 진행된다. 도파크롬(DOPA-chrome)에서 5, 6-하이드록시인들(5,6-hydroxylindole)이라는 경로를 거쳐 흑갈색의 유멜라닌을 생성하는 경로와 도파퀴논이 케라틴단백질에 존재하는 시스테인과 결합한 후 적갈색의 페오멜라닌을 형성하는 두 가지 경로가 있음을 알 수 있다.

모피질에 있는 두 종류의 멜라닌 색조 알갱이로서 유멜라닌(SEM에서 길이가 0.8~1.2 ㎛, 두께는 0.3~0.4 ㎛)은 가장 흔하고 제일 진한 색소로서 갈색과 검정색의 모발을 만든다. 페오멜라닌은 보다 열은 색조인 금발색(yellow blond)으로서 붉은 색소와 노란 색소를 띤다. 두 가지의 멜라닌 색소 종류 가운데 동양인에게는 유멜라닌인 입자형 색소(granular pigments)가 많고, 서양인에게는 페오멜라닌인 분사형 색소(diffuse pigments)가 더 많다. 즉 동양인은 모피질이 얇고 모표피는 두꺼운 형태를 가진 흑색에서 적갈색 두발 색상이 두드러진다. 반면 서양인은 모피질이 두껍고 모표피는 얇은 형태를 가진 적색에서 노란색까지 다양한 두발색을 가졌다. 이러한 두발 색상은 염색 후 착색력, 색상보유 기간, 광택, 손상도, 시술 방법 등의 조건을 요구시키기도 한다.

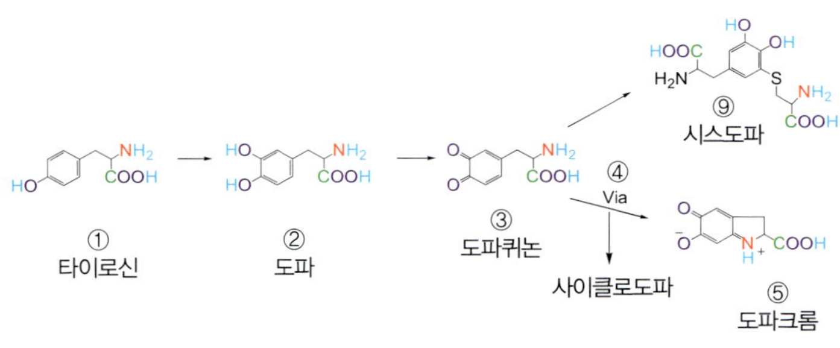

〈그림 113〉 멜라닌 발생

멜라닌은 색소를 생성하는 세포에서 발견되는 특정한 효소의 조절을 받으며 자연적으로 생성되는 단백질(protein)을 상당히 복잡하게 변형시킨다. 붉은 모발 색상은 붉은 색소와 검정 색소에 의해 나타나며 금발은 붉은 색소와 노랑 색소의 혼합인 결과 색소이다. 모래빛 갈색 모발은 붉은 색과 갈색, 검정 색소의 혼합에 의해 색소가 나타나며 짙은 갈색 모발은 모래빛 갈색 모발보다 검정 모발 색소가 더 많이 들어있다. 흰머리는 색소 알갱이가 없는 즉 색을 나타낼 수 없는 모발색이다. 색소를 형성해 내는 능력 또한 현존하는 색소에 의해 결정되며 그 사람의 유전정보 인자(DNA, genome)에 의해 나타난다. 색소, 금속단백질로 구성된 멜라닌은 물에 용해되지 않는 색소단백질로서 모발에 색상을 부여하며 모유두에서 생성된 아미노산인 타이로신은 멜라닌의 전조제로서 방종형을 갖는다.

4. 모발 구성 성분과 작용

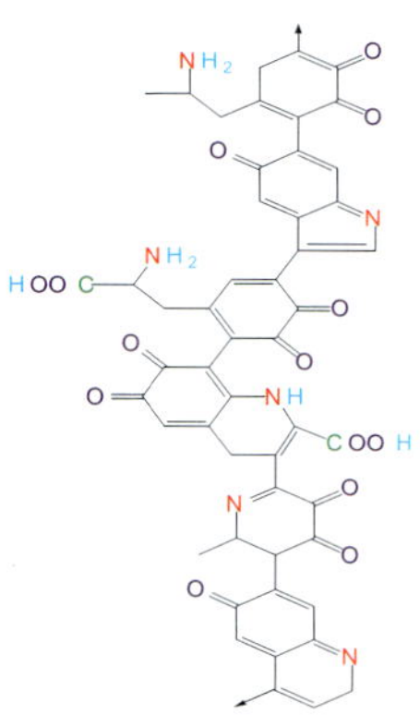

〈그림 114〉
헤테로 폴리머의 생성 경로

모발의 생체원소 중 펩타이드결합(CO-NH bond)에 있어서 모발 구성 성분의 아미노산은 80~90%를 차지하는 축합 중합체인 단백질로 구성되어 있다. 이외 3~4% 이하 멜라닌 색소, 1~8%의 지질, 0.6~1.0%의 미량원소, 10~15%의 수분 등은 이들과 유리된 것이 아니라 복합된 형태로 존재한다.

1) 주성분(Keratin)

모발 케라틴은 약 18종의 아미노산으로서 히스티딘, 라이신, 아르기닌 등이 1:3:10으로서 다른 단백질에는 볼 수 없는 모발 케라틴 특유의 비율을 갖고 있다. 모발 내 14~18% 함유하고 있는 시스틴은 분석 중에 화학 변화를 쉽게 받기 때문에 분석 방법 등에 의해서 다소 차이가 있다.

〈표 4〉 형태학적 아미노산 조성식(μmol, amino acid/gdry protien)

아미노산	모표피	모피질	모수질
글리신(glycine)	611	485	300
라이신(lysine)	–	217	740
알라닌(alanine)	–	374	400
로이신(leucine)	418	516	700
아이소로이신(isoleucine)	184	249	130
프롤린(proline)	994	667	160
아스파라트산(aspartic acid)	287	449	470
트레오닌(threonine)	524	664	140
세린(serine)	1400	1077	270
아르기닌(arginine)	360	529	120
히스티딘(histidine)	–	76	100
시스테산(cysteic acid)	68	29	–
$\frac{1}{2}$시스틴(cystine)	2102	1461	–
메티오닌(methionine)	38	53	40
타이로신(tyrosine)	132	184	320
페닐알라닌(phenylalanine)	91	142	–
글루탐산(glutamic acid)	819	1011	2700
발린(valine)	634	499	320

2) 지질(Sebum)

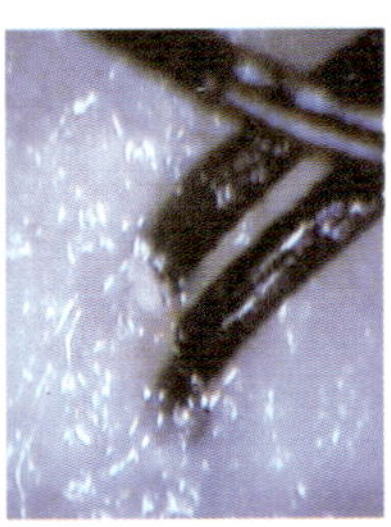

〈그림 115〉
두개피부의 피지

모발 지질에는 피지선에서 분비된 피지와 피질세포 자신이 가지고 있는 지질을 함유하고 있다. 피지선에서 분비된 피지는 후에 모발에 부착(일부는 모발 내부에 침투)된 것으로써 모발 본래의 성분이 아닌지도 모른다. 그러나 두 종류의 지질 구별은 어렵기 때문에 양자를 일괄해서 모발 피지로서 취급하고 있다.

(1) 피지

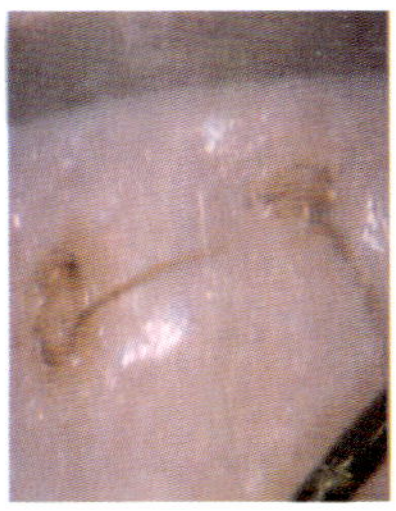

〈그림 116〉 피지

피지의 분비량과 조성은 내부 요인인 연령, 성별, 인종, 호르몬 등과 외부 요인인 온도, 마찰 등에 의해 영향을 받는다. 따라서 이들 개인차는 크다. 일반적으로 피지의 분비량은 전체적으로 하루 1~2 g 정도로서 피지선은 두개피부에 가장 많이 분포되어 있고 그 수는 1 ㎠ 당 400~900개 모낭 내 부속 피지선을 갖고 있다. 조성 분석의 일례를 들면 유리지방산(56%)과 중성유지분(44%)으로 되어 있다.

(2) 피지막

〈그림 117〉 피지막

피지는 피부, 모낭에 항상 존재하며 미생물의 효소 리파아제 작용에 의해 중성지방 일부가 가수분해되어 유리지방산과 글리세린으로 된다. 그리고 땀과 모낭 중의 성분과 혼합하여 W/O형의 유액상이 되어 피부와 모발 표면에 넓고 얇은 지방막인 피지막을 형성한다. 피지막은 피지 중의 유리지방산과 땀의 유산, 아미노산 등에 따라 pH 4.5~6.5인 약산성을 띤다. 일반적으로 피부의 pH라고 하는 것은 피부 자체 pH를 나타내는 것이 아니라 피부닥이 갖는 pH이다.

(3) 지성 두개피와 건성 두개피

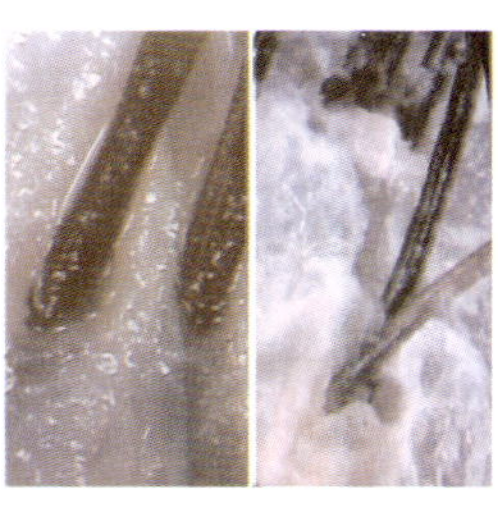

〈그림 118〉
지성 두개피와 건성 두개피

지성 두개피와 건성 두개피의 큰 차이는 피지막에서 분비 되는 피지량의 대 · 소에 따라 그 차이가 있다. 결국 피지량이 많으면 많을수록 모발 겉부분에 부착되어 있는 양이 많게 되어 모발 역시 지성화된다. 그러나 모발 내부에서의 모피질은 유성 성분이 많지 않다.

(4) 피지 분비의 특징

- 유아기에 많고 유아, 소년기에 감소하며 사춘기에 많아진다.
- 성인 여성은 연령과 함께 감소하지만 남성은 극단적으로 감소하지 않는다.
- 남성 호르몬의 영향에 의해 여성보다 남성쪽이 피지 분비가 많다.
- 황체 호르몬의 영향으로 월경 전에는 피지가 많이 분비된다.
- 흑인은 백인보다 많이 분비된다.
- 기온이 높게 되면 많이 분비된다.
- 당분, 지방분이 많은 음식물은 피지를 증가시킨다.
- 피지 중의 콜레스테롤과 스쿠알렌의 양은 성인이 아이의 4배이다.
- 피지중의 파라핀계 탄화수소의 양은 성인 여성보다 성인 남성이 또한 성인 여성보다 남자 아이가 많다.
- 마찰은 피지 분비량을 증가시킨다.

(5) 피지 분비량

〈표 5〉 피지분비에 의한 두개피상태

피지 분비량	대	중	소
증상	지성비듬 발생, 모누두 상부가 막히며 광택이 있고 부드럽지 않으며 쉽게 더러워진다.	적당한 유분과 습기로 윤기와 탄력이 있고 부드럽다.	건조비듬이 발생, 건조하며 광택이 없고 기모, 절모가 된다.

3) 미량원소(Trace elements)

모발 케라틴은 금속과 쉽게 결합하는 산성기를 가지고 있기 때문에 세정용 화장품, 두발용 화장품, 세정수, 땀과 환경에서 오는 먼지 등이 함유되어 있는 금속 이온을 흡수한다.

〈그림 119〉 나폴레옹

모발 미량원소의 구성은 모발용 화장품과 수돗물 등 미량원소 종류와 양이 외부에서 흡착에 의한 것인지, 체내에서의 축적에 의한 것인지? 또는 모기질 상피 세포 분열증식의 불가분 성분으로서 필연적으로 존재하는 것인지를 엄밀하게 구별하는 것은 불가능하다. 예로써 나폴레옹(Napoleon Bonaparte, 1769~1821) 사망어 불신을 안고 유발을 분석한 결과 통상보다 100배 이상의 비소(arsenic, As)가 검출되었다. 나폴레옹 측근에서는 미량 비소화합물을 장기간 복용해서 독살되었다는 설과 함께 모발 중 미량원소 분석은 공해 문제로 크게 부각된다. 특히 수은(mercury, Hg), 카드뮴(cadmium, Cd), 납(lead, Pb) 등은 유해한 금속의 체내 축적량을 조사하는 방법으로서 널리 이용되고 있다. 메틸 수은을 투여한 동물 실험에서 수은은 다른 기관에는 그다지 축적되지 않고 모기질 상피세포에 집중적으로 보내져 분열 증식함으로써 모세포 내로 모이게 된다는 보고와 함께 모발은 적극적으로 수은 등의 유해금속을 체외로 배출하는 역할이 있음을 나타낸다. 따라서 모발 중의 미량 금속에 관한 측정 방법은 혈액과 뇨의 검사와 같이 체외 물질대사 이상을 관찰하고 약물 투여나 직업병 등을 예견할 수 있는 지표가 되기도 한다.

① 금속 함유에 따른 모발색

- 백발 – 니켈(Ni)
- 황색모 – 타이타늄(Ti)
- 적색모 – 철(Fe), 몰리브덴(Mo)
- 흑갈색모 – 구리(Cu), 코발트(Co), 철(Fe)

② 모발 케라틴의 금속친화기

메캅탄기(–SH), 설폰산기(–SO_3H), 카복실기(–COOH)

③ 모발 케라틴의 외부 흡착 금속

칼슘(Ca), 마그네슘(Mg), 소듐(Na), 포타슘(K)

4) 수분

모발 중 수분은 피부의 경우처럼 중요한 역할을 가지고 있다. 유연함, 광택, 통풍, 잡아당길 때의 강도, 정전기량 등 모발이 갖는 기계적 성질과 미용상 특성에 의해 크게 영향을 받는다. 모발에는 수분을 흡수하는 성질이 있어서 보통 상태의 공기 중에서도 10~15% 수분을 함유하고 있다. 세발 직후 30~35%, 블로우 드라이어로 건조시켜도 10% 전후의 수분이 남는다. 수분량은 외부 환경 조건에서 습도가 높으면 수분 함유량이 높아지나 온도가 높으면 낮아지게 된다. 따라서 수분의 측정은 일정한 온도(25℃), 습도(65%)하에서 행해지지 않으면 정확한 결과를 얻을 수 없다. 모발은 손상도가 크면, 수분 보유력이 약화되어 수분량이 적어지게 되므로 수분량은 모발손상를 나타내는 표준이 되기도 한다. 일반적으로 수분량이 10% 이하가 되면 건조모가 된다. 건조모에 수분을 보충할 경우 정상 모발보다도 흡수량은 더 크게 된다.

5) 멜라닌 색소

인체 변화에 있어서 가장 뚜렷한 변화를 줄 수 있는 모발 색상은 개개인의 유전적 요인과 환경 및 인종, 모발 성장 패턴에 따라 다양하다. 아시아, 에스키모, 아메리카, 인디언들의 두발은 강한 직모(straight hair)이며, 아프리카인들은 축모(kinky hair)로서 대부분 흑멜라닌을 가진 반면 백인들은 다양한 모질과 색상으로서 흑멜라닌 또는 혼합멜라닌을 가졌다. 이와 같이 자연 모발색상을 드러내는 2가지 멜라닌 색은 동일하게 보일 수 있다. 하지만 두발의 미세구조 속에서 색소형성세포에 의해 생성되는 멜라닌 구조 및 생성과정에 의한 색소분포는 사람마다 모질에 다라 달라질 수밖에 없다. 그러므로 세상 모든 사람들은 어둡거나 중간 또는 밝은 석의 다양한 범주인 명도, 채도 등을 가진 자연 모발에 기여 색상을 갖고 있다.

즉 멜라닌은 자연색소(natural pigment)로서 모발에서의 모든 기여 색소(contribution pigment)인 깊이(depth), 색조(tonality), 강도(intensity)를 가진다. 깊이는 색의 밝기(lightness of color) 및 어두움(darkness of color)의 정도를 나타내는 척도인 명도(明度)이다. 모발색은 흑, 갈, 적, 금발, 백색 등 여러 가지 색이 있지만 이 색들은 피부색과 같이 멜라닌 색소 합성의 정도에 따라 결정된다. 멜라닌 색소는 모발을 착색시킬 뿐만 아니라 두개피부를 과도한 자외선으로부터 보호하는 중요한 역할도 하고 있다.

4

제Ⅳ장 모발의 화학적 성질

화학으로 조성된 인간의 몸은 탄소(C), 산소(O), 수소(H), 질소(N), 황(S), 인(P) 등 6가지 원소가 95% 이상을 차지하며 그 외 칼슘(Ca)을 비롯한 10여 종류의 필수 무기원소로 구성되어 있다. 이러한 원소 중 탄소, 수소, 산소는 유기질을 구성하며 질소는 단백질, 칼슘은 뼈 및 치아 형성과 근 수축, 혈액응고 그리고 호르몬 생산 등에 관여한다. 또한 포타슘과 소듐은 신경전도와 근수축 과정에 필수적으로 이용되고 있다. 이러한 단계는 세포의 생명현상으로서 유기화학 반응이라고 불리는 화학반응을 만들어낸다.

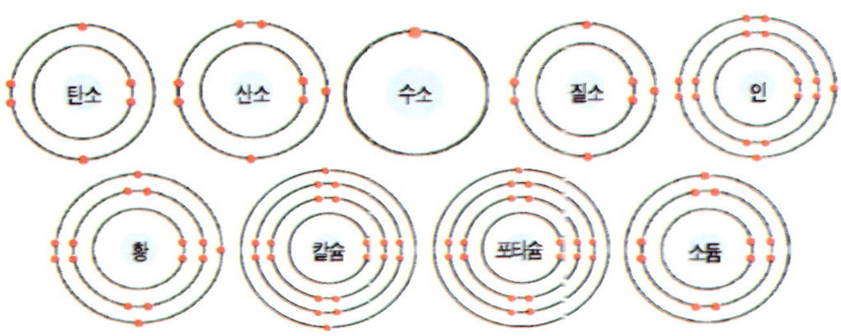

〈그림 120〉 원자

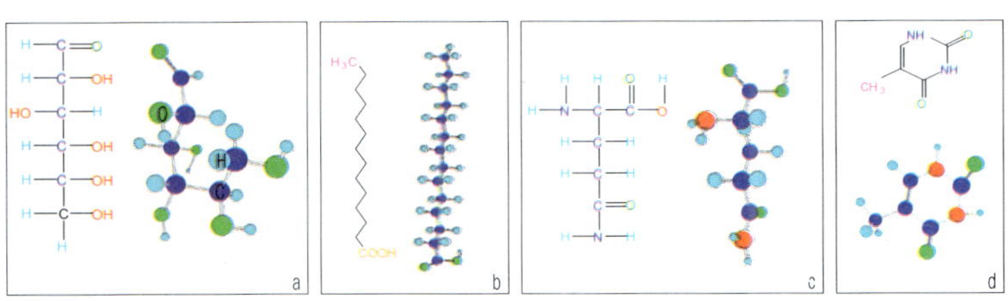

a: 탄수화물(포도당) b: 지질(디리스틱산) c: 아미노산(글루타민) d: 핵산(티민)

〈그림 121〉 탄소원자의 여러 가지 구성 분자

1. 모발 아미노산 분류

지구상의 모든 물체는 원소(element)로 이루어져 있으며 현재 92종의 자연 원소와 17종의 인공 원소가 있다. 생물체는 이중 20여 종의 생체원소(bioelement)로 이루어져 있다.

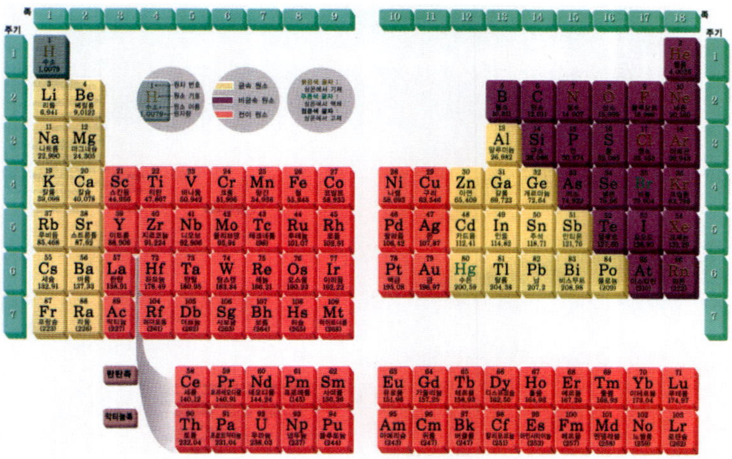

〈그림 122〉 주기율표

생체원소 중 H, O, C, N, Ca, P 등 6종류가 대부분으로 생물체에는 C, H, O, N 등 4가지 원소가 약 96%를 차지한다. 반면 지각(地殼)을 구성하는 원소 함량은 O를 제외한 C, H, N은 1%에 불과하다.

1) 모발 생체 원소

생물체를 이루고 있는 C, H, O, N 원소는 다른 원소와는 달리 다양한 생체 분자를 구성하기 위해 전자를 쉽게 공유하는 공유결합을 가진다.

① 화학반응

가전자(價電子)의 주고받기가 중심이 된다.

- **양이온** – 최외각에 있어서 전자의 주그받음에 의해 가전자를 방출한다.
- **음이온** – 최외각의 전자를 받아들여 안정화 된다.

② 가전자

전자가 가지는 에너지는 원자핵에 근접할수록 낮고 안정되며 가장 밖의 원자각에 존재하는 전자를 최외각전지 또는 가전자라고 한다. 가전자 수는 그 원자의 화학적 성질과 깊은 관계가 있다. 각각의 원자일지라도 가전자 수가 동등한 원자들은 성질 역시 유사하다.

③ 구조식

C, N, O는 2중 결합(=)을 가지나, C는 3중 결합(≡)도 할 수 있는 다양하고 안정된 분자종(分子種)을 형성한다. C, H, O로 이루어진 3가지 원소는 특히 세포 무게의 약 99%를 이루며 이러한 원소들로부터 아미노산, 단백질, 탄수화물, 지방과 다른 형태의 생체 분자들을 만든다. 이와 같이 모발 단백질 역시 예외이지 않다.

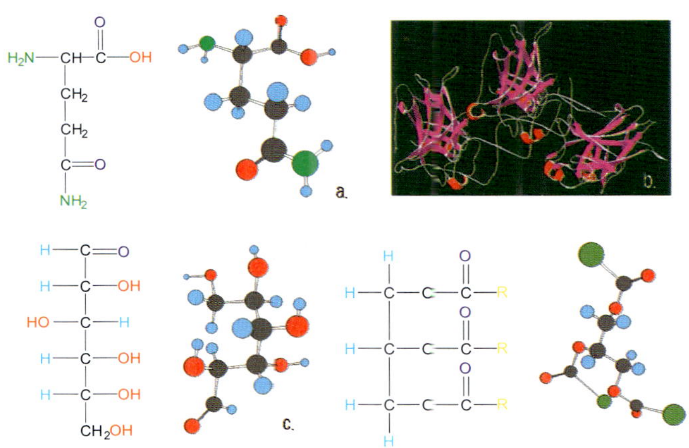

a: 탄수화물(포도당) b: 지질(미리스틱산) c: 아미노산(글루타민) d: 핵산(티민)

〈그림 123〉 탄소원자의 여러 가지 구성 분자

(1) 탄소(carbon, C)

여러 가지 물리 · 화학적 성질로서 지구환경에서는 탄소화합물이 생물로 진화하는데 가장 좋은 조건을 갖추고 그 결과 생물계와 무생물계라는 본질적인 차이를 가져왔다. C는 2S와 2P 궤도인 오비탈(orbital)로부터 쉽게 전자를 잃지 않음으로써 쉽게 이온화되지 않는 다른 원소들과 전자쌍을 공유한다. 즉 공유결합(covalent bonds)을 형성한다. 탄소는 쉽게 H, O, N과 함께 강하고 안전한 공유결합을 형성함으로써 최대 4개의 다른 원자들과 결합, 수백만의 다른 물질을 만들 수 있는 특수한 성질을 가졌다.

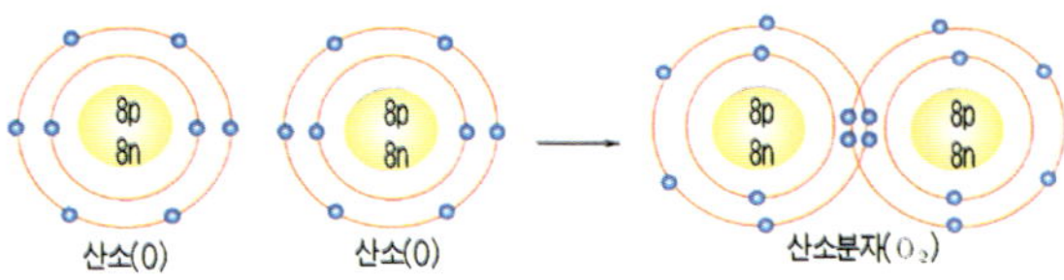

〈그림 124〉 공유결합

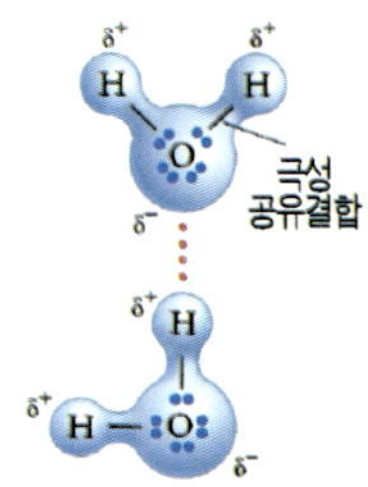

〈그림 125〉 수소결합

(2) 수소(hydrogen, H)

H는 결합을 형성할 수 있는 전자가 1개 밖에 없으므로 오직 단일 결합만 형성하여 수소 결합에 참여하고 세포 내에서 전자 이동 과정에 관여한다.

(3) 산소(oxygen, O)

O는 전기음성도(electronegative)가 큰 원소이다. 이러한 산소의 특징은 특이한 성질과 특수 결합과 같은 수소 결합에서 기초가 될 뿐만 아니라 세포 내에서 에너지 생산 동안 최종 전자 수용체로서 작용한다.

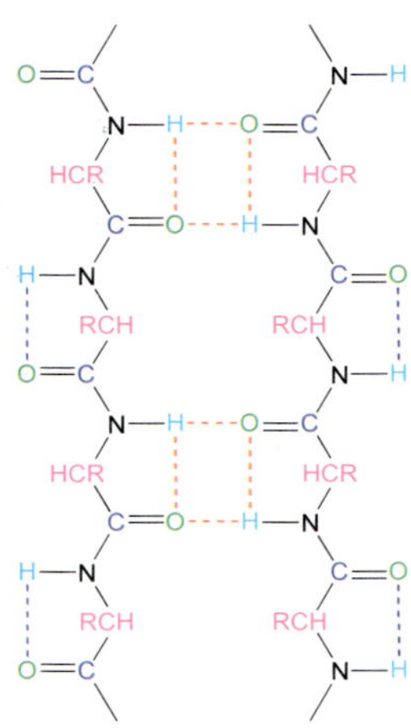

〈그림 126〉
PC에서의 수소결합

(4) 질소(nitrogen, N)

N은 펩타이드 결합을 형성하기 위하여 탄소와 결합하기 때문에 생명 기관에서는 중요한 원소이다. 즉 유전 정보를 보존하고 전달하는 분자인 핵산(nucleic acid)을 구성하는데 사용된다.

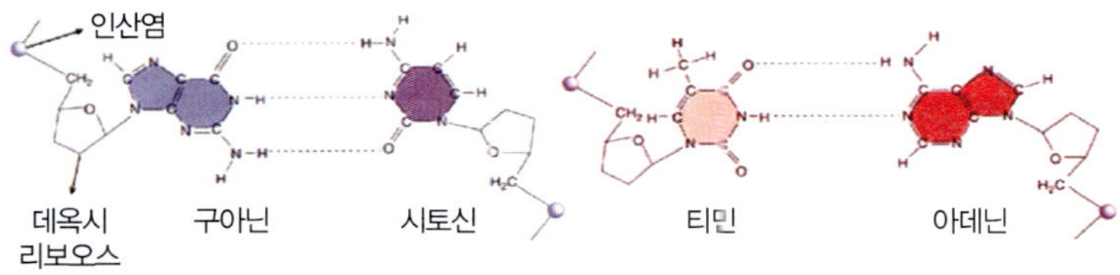

〈그림 127〉 미셔와 핵산

2) 모발 아미노산

아미노산은 적어도 각 한 개의 아미노기($-NH_2$)와 카복실기($-COOH$)를 갖는 양성 전해질이다. $-NH_2$는 암모니아(NH_3)와 마찬가지로 수소이온(H^+)과 결합하여 $-NH_3^+$로 전리되고, $-COOH$기는 수소이온을 해리하여 COO^-로 전리한다. 즉 중성 용액에서의 아미노산 아미노기($-NH_2$), 카복실기($-COOH$)는 다 같이 전리된 상태인 양(正, +), 음(負, −)의 양성 전하를 동시에(그림 b, $H_3\overset{\oplus}{N}-\underset{COO^{\ominus}}{CH}-$) 갖는 쌍극(극성)이온이다. 극성을 띤 쌍극이온(zwitter ion)에 산(H^+)을 가하면 $-COOH$기는 수소이온과 결합, 전하를 잃은 양이온(그림 a, $H_3\overset{\oplus}{N}-\underset{COOH}{CH}-R$)이 된다. 이때 알칼리(OH^-)를 가하면 $-NH_3^+$ 수소이온을 잃고 음이온(그림 c, $H_2N-\underset{COO^{\ominus}}{CH}-R$)으로 된다. 이와 같은 현상을 아미노산의 전자성(electron property of amino acid)이라 한다.

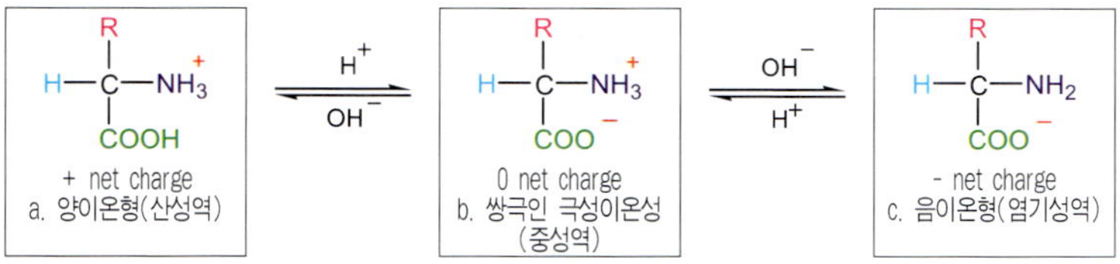

a: 산성 b: 중성 c: 염기성

〈그림 128〉 아미노산의 전자성

(1) 모발의 이온화

중성 영역인 쌍극 이온형에서 양 · 음 전하를 이룸과 동시에 아미노산 용액의 pH를 등전점(isoelectric point)이라 한다.

① 양이온

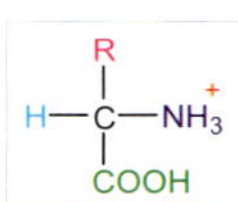

아미노산은 산이나 염기로 이온화할 수 있는 기를 가졌다. 즉 이온화하여 쌍극 이온형이 된다. 이때 실제 전하는 0로서 곁사슬 기능기(R기)가 먼저 이온화된 후에 α–NH_3^+가 이온화 된다. 이는 원자와 원자단이 전하(電荷)를 가질 때 이온이 됨을 뜻한다. 원자 4원자단이 전자를 방출하면 그 입자는 전자 부족에 의해 양전하를 가지는 양이온이 된다.

② 음이온

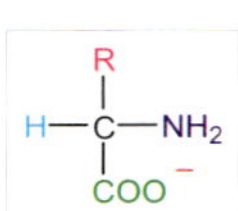

전자를 거둬들이면 전자 과잉의 입자로서 음전하를 가지는 음이온이 된다.

③ 중성이온

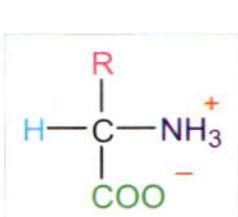

각각의 아미노산은 가역적 이온화 반응으로서 카복실기의 양성자(H^+)는 용액상에서 쉽게 잃어버리는 공여체가 되며, α–아미노기는 양성자로 받아들이는 수여체가 된다. 아미노(monoamino), 카보닐(monocarboxyl)은 낮은 pH에서

그 염기성상 $^{+}H_3NCHRCOOH$이 되며, pH6보다 클 때 카복실기로부터 양성자를 잃고 전기적으로 중성으로서 쌍극 이온성인 $^{+}H_3NCHRCOO^{-}$이 생성된다. pH가 더욱 높아지면 제2의 양성자를 잃고 아미노산은 pH에 따라 $H_2NCHRCOO^{-}$가 생성 이온화될 수 있다. 주쇄 내의 R기를 갖는 아미노산은 pH에 따라서 또 다른 하나의 이온종(ionic species)을 갖는다. 따라서 유리(遊離)된 아미노산은 중성 pH에서 카복실기는 음전하를 아미노기는 양전하를 띤다. 결사슬에 전기를 띠지 않는 아미노산은 중성 용액에서 전하를 띠지 않는 쌍성이온으로서 존재한다. 쌍성이온은 양전하와 음전하를 같은 크기로 갖기 때문에 수용액에서는 전기적으로 중성이 된다.

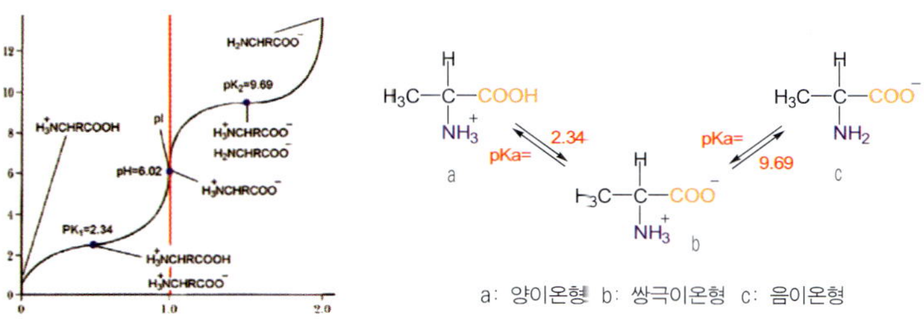

〈그림 129〉 알라닌의 적정곡선에 따른 이온화

(2) 아미노산의 분류

모발 단백질은 글리신, 알라닌, 발린, 로이신, 아이소로이신, 트레오닌, 세린, 시스테인, 메티오닌, 아스파라긴, 글루탐산, 타이로신, 라이신, 아르기닌, 히스티딘, 페닐알라닌, 트립토판, 프롤린 등으로 구성된다. 아미노산은 아미노기를 가지고 있는 산으로써 양성 화합물로서 하나의 분자 중에 산소 원자단의 카복실기와 알칼리성 원자단의 아민기를 포함하기 때문이다. 따라서 그때 그때 상황에 따라 산으로 작용하거나 알칼리로서 작용되는 성질을 가진 화합물로서 양성 화합물을 형성한다.

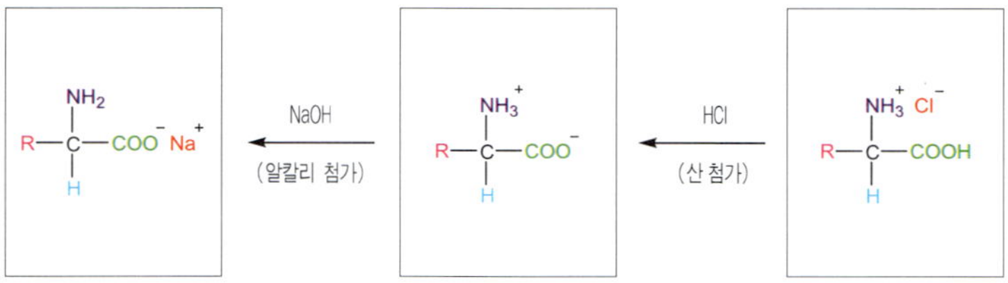

〈그림 130〉 아미노산의 전자성

① 산성 아미노산(acid amino acid)

결사슬 분자 속에 2개의 카복실기를 갖는 산이 강한 아미노산이다. 카복실기는 하나의 양자를 잃고 카복실 음이온(COO^-)을 갖는 아스파라트산, 글루탐산 등이다.

② 염기성 아미노산(basic amino acid)

곁사슬을 한 분자 속에 2개의 아미노기를 갖는 염기성이 강한 아미노산이다. 물이 있는 환경으로부터 양성자를 받아들여 양(+)이온을 갖는 라이신, 아르기닌, 히스티딘 등이다.

③ 중성 아미노산(neutral amino acid)

한 분자 중에 1개의 아미노기와 1개의 카복실기를 가지고 있는 중성 아미노산은 용액 속에서 쉽게 전자를 띠지 않는다. 일반적으로 단백질에서 발견되는 20개의 아미노산 가운데 중성 아미노산에서도 소수성기를 가진 비극성과 친수기를 가진 극성으로 나눌 수 있다.

ㄱ. 극성(친수성) 아미노산

전기적으로 중성인 극성 곁사슬을 갖는 이 아미노산은 전하를 띠지 않는 극성 곁사슬을 갖는다. 글리신, 세린, 트레오닌, 시스틴, 아스파라긴, 글루타민, 타이로신은 단백질 분자 외부로 돌출되어 물과 접촉하는 대부분의 친수성 아미노산으로서 음전하를 띤 산소(O) 원자를 갖고 있다. 이는 음전하를 띤 친수성 아미노산인

〈그림 131〉
단백질의 3차원 구조

아스파라긴과 글루타민은 수용액 속에서 양성자를 잃어버림으로서 물 분자와 수소 결합을 한다. 즉 수소 결합에 관여하는 극성기는 $-H^+$, $-OH$, 세린, 타이로신, 트레오닌 등이 있다.

ㄴ. 비극성(소수성) 아미노산

알라닌, 발린, 페닐알라닌, 아이소로이신, 로이신, 트립토판, 메티오닌, 프롤린 등은 중성 아미노산 가운데 비극성을 가진다. 이들 아미노산은 물에 조금 녹는 성질이 있으나 소수성 단백질 분자의 구성 단위로서 용적과 구조에 중요한 역할을 한다. 특히 프롤린은 단백질 사슬에서 비틀림이나 굽힘에 중요한 역할을 한다. 대체적으로 단백질은 물이 있는 환경에 존재되나 소수성 아미노산은 물과 많이 떨어져 있는 단백질 분자의 내부에서 발견된다. 아미노산의 중요한 특징 중 하나는 그들의 삼차원적 구조 즉 입체화학(stereo chemistry)을 구성시킨다.

(3) 모발 단백질

단백질은 아미노산의 축합중합체로서 구조식에 따라 특징적인 성질을 갖는다. 이는 기본 구조식 $H_3\overset{\oplus}{N}-\underset{COO^{\ominus}}{CH}-R$ 을 중심으로 주쇄의 곁가지 잔기(side chain)인 원자단의 기능기(residue, R)를 갖는다.

〈표 6〉 아미노산 종류에 따른 성질과 조성

원자단 \ 종류	아미노산	아미노산 구조식		조성(%)
지방족 탄화수소 R 원자단	글리신	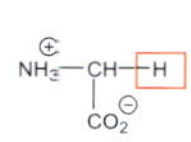		4.1~4.2
	알라닌	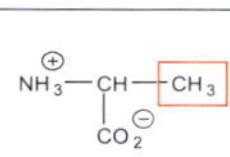	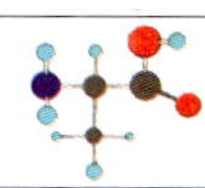	2.8
	발린	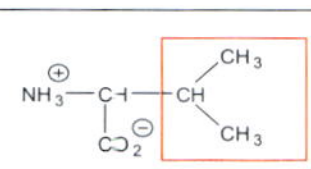	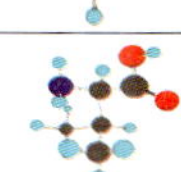	5.5~5.9
	아이소로이신	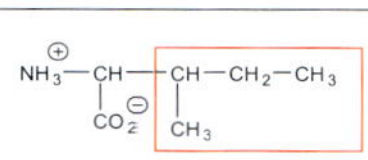	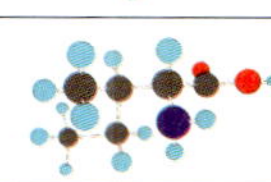	4.8

	로이신	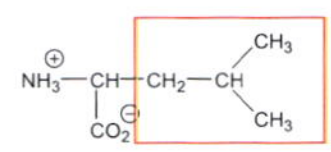	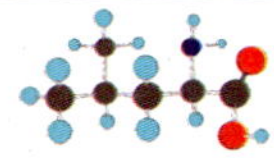	7.4~10.6
수산기 R 원자단	트레오닌	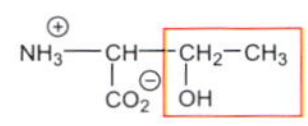	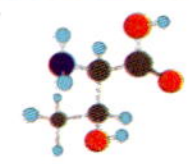	14
	세린	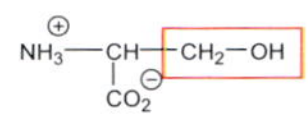	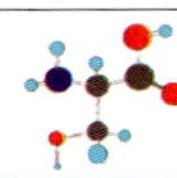	4.3~9.6
두개의 염기	라이신	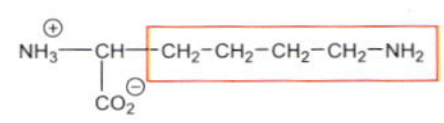	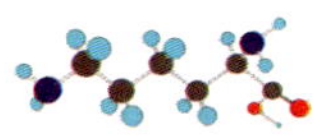	1.9~3.1
	아르기닌	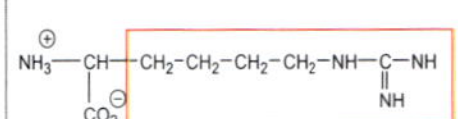	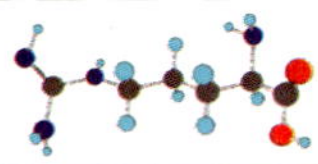	8.9~10.8
	히스티딘	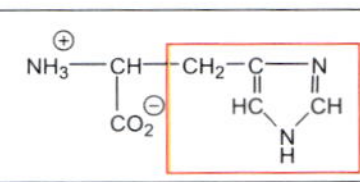	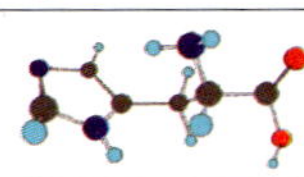	0.6~1.2
	시트룰린	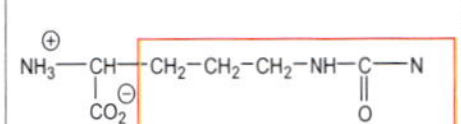	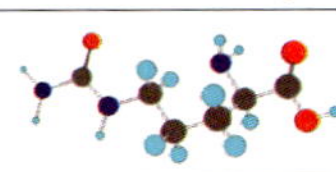	
두개의 산기	아스파라긴산	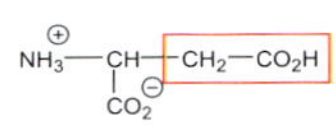	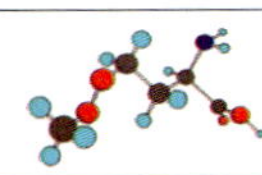	3.9~7.7
	글루탐산	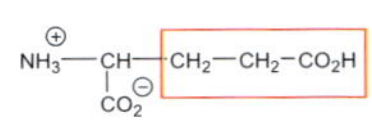	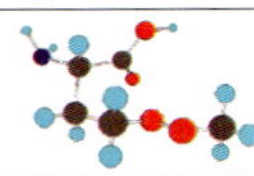	13.6~14.2
헤테로 R 원자단	프롤린	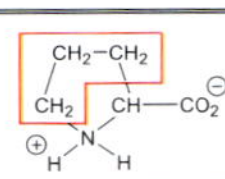	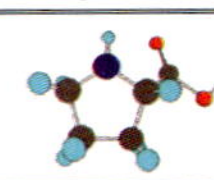	4.3~9.6
	트립토판	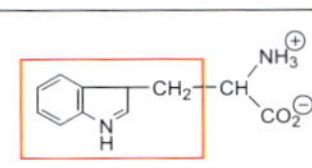	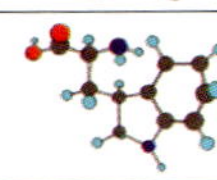	0.4~1.3
황을 포함한 R 원자단	시스틴	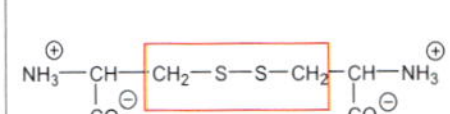		16.6~18.0
	메티오닌	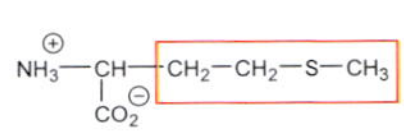	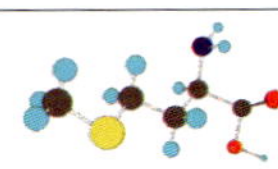	0.7~1.0
	시스테인	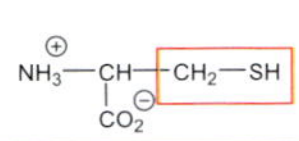	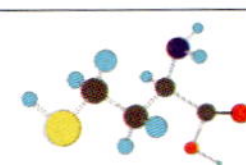	
	시스테산	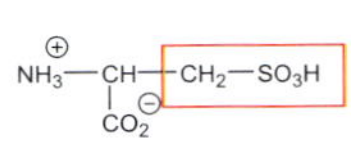	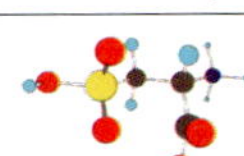	

2. 모발의 pH

케라틴 단백질을 만들고 있는 아미노산에는 일반적으로 분자 내에 염기성의 아미노기($-NH_2$) 1개와 산성의 카르복실기($-COOH$) 1개를 가지고 있다. 아미노기와 카복실기 각각의 원자단을 동일하게 갖는 것을 중성 아미노산이라 하며 아미노기가 1개 많은 것을 염기성 아미노산, 카복실기가 1개 많은 것을 산성 아미노산이라 한다. 이 아미노기와 카복실기와의 축중합은 폴리펩타이드 결합으로 주쇄가 되고 케라틴 단백질을 구성한다. 이 주쇄결합을 하지 않은 잔기는 측쇄결합으로서 상호 결합되어 있고 아미노기와 카복실기와의 이온적인 염결합을 하고 있다. 모든 아미노기와 카복실기가 폴리펩타이드 결합 또는 염결합을 하고 있을 때 모발 pH는 4.5~5.5이며 이 값의 범위에서 염결합은 가장 안정됨으로써 이를 모발의 등전점이라 한다.

〈표 7〉 모발구조 및 pH

종류		구조식	pH (등전점)	분자량 (Mr)	아미노산의 pKa값	
					α-COOH	α-NH_3^+
산성	아스파라트산 (Aspartic acid, Asp, D)	$HOOC-CH(NH_2)-CH_2COOH$	2.8	115.1	2.09	9.82
	글루탐산 (Glutamic acid, Glu, E)	$HOOC-CH(NH_2)-CH_2CH_2COOH$	3.2	129.1	2.19	9.67
	알라닌 (Alanine, Ala, A)	$HOOC-CH(NH_2)-CH_3$	6.0	71.1	2.34	9.69
	글리신 (Glycine, Gly, G)	$HOOC-CH(NH_2)-H$	6.1	57.1	2.34	9.60
	아이소루이신 (Isoleucine, Ile, I)	$HOOC-CH(NH_2)-CH(CH_3)-CH_2CH_3$	5.9	113.2	2.36	9.68
	로이신 (Leucine, Leu, L)	$HOOC-CH(NH_2)-CH_2CH(CH_3)_2$	6.0	113.2	2.36	9.68

중성	메티오닌 (Methioine, Met, M)	$HOOC-CH(NH_2)-CH_2CH_2SCH_3$	5.7	131.2	2.28	9.21
	시스테인 (Cysteine, Cys, C)	$HOOC-CH(NH_2)-CH_2SH$	5.0 (5.1)	103.1	1.71	10.78
	페닐알라닌 (Phenylalanine, Phe, F)	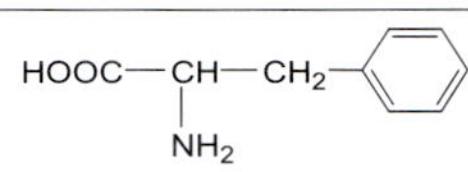	5.5	147.2	1.83	9.13
	프롤린 (Proline, Pro, P)	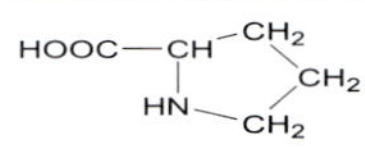	5.7	97.1	1.99	10.6
	트레오닌 (Threonine, Thr, T)	$HOOC-CH(NH_2)-CH(OH)CH_3$	5.6	101.1	2.63	10.43
	세린 (Serine, Ser, S)	$HOOC-CH(NH_2)-CH_2OH$	5.7	87.1	2.21	9.15
염기성	트립토판 (Trytophan, Trp, W)	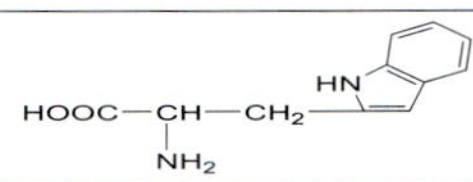	5.9	186.2	2.38	9.39
	타이로신 (Tyrosine, Tyr, Y)	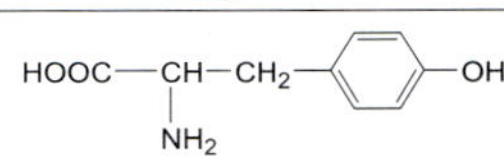	5.7	163.2	2.20	9.11
	발린 (Valine, Val, V)	$HOOC-CH(NH_2)-CH(CH_3)_2$	6.0	99.1	2.32	9.62
	아르기닌 (Arginine, Arg, A)	$HOOC-CH(NH_2)-CH_2-CH_2-CH_2-NH-C(=NH)-NH_2$	10.8	156.2	2.17	9.04
	히스티딘 (Histidine, His, H)	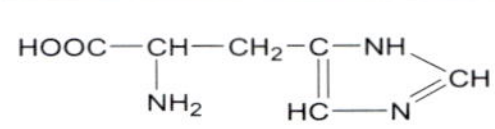	7.5	137.2	1.82	9.17
	라이신 (Lysine, Lys, K)	$HOOC-CH(NH_2)-(CH_2)_4NH_2$	9.7	128.2	2.18	8.95

5

제Ⅴ장 모발의 물리적 성질

모발의 물리적 구조를 나타내는 흡습 관계는 물과 어떤 물질과의 화학적, 물리적, 기계적 결합을 가진다.

1. 모발의 물리적 구조

물은 고도로 극성화된 분자로 매우 유동조이며 투과적이며 차원적이다. 물분자 한 개는 4개의 수소기와 다른 물분자 또는 적절한 수소 연결 그룹과 상호작용할 수 있다. 이러한 상호작용력이 있는 물은 케라틴 구조 내에서 물과 물분자 사이와 물과 케라틴 구조와의 3차원적 연결망을 형성시킨다.

(1) 화학적 결합

화학 반응이나 수화물(결정수)에서 물과 같이 결합수와 물질의 질량비는 일정하다.

(2) 물리 · 화학적 결합

삼투나 흡수와 같이 어떤 일정 한계에서 물과 물질의 결합비가 변한다.

(3) 기계적 결합

모세관 응축이나 표면 흡착과 같이 물과 물질의 결합비가 일정치 않다.

1) 흡습성(Hygroscopicity of hair)

모발은 습한 공기 중에서 수분을 흡수하고 건조한 공기 중에서는 수분을 발산하는 탈습 성질인 흡습성을 가지고 있다. 이 흡습성은 모발섬유 고분자와 물분자간에 물리적 결합에 의한 약한 힘의 작용이 형성됨을 나타낸다. 물과 모발 고분자 물질이 결합되는 상태에 따라서 물의 성질은 달라진다. 모발에 흡착된 물은 모발섬유 고분자의 친수기와 직접 결합된 α물과 α물에 결합된 간접 접착수인 β물로 구분된다.

α물인 직접 접착수는 모발의 물리적 성질인 강도, 신도, 대전성, 보온성, 염색성, 탄성, 가소성 등에 관계된다. β물은 화학작용과 유기물 성장 또는 증기압을 유지하는데도 필요하며 수분이 증발할 때에는 불안정하게 결합된 β물이 먼저 탈습된다. 수분의 흡수 속도는 실온에서 액상물은 15분 이하이며 33℃에서는 5분 이하로 모발에 침투되나 습윤 공기 중에서 18~24시간의 시간이 요구된다. 따라서 수증기에서보다 액체의 물에서 흡수력이 훨씬 빠르다.

(1) 흡습성의 정의

흡수, 흡착, 수착은 유사용어로서 특별히 구별하지 않고 사용하기도 하지만 엄밀하게는 여러 가지 상이한 현상을 나타낸다. 모발 흡습의 경우 흡습량이 적은 초기 단계를 흡착, 수분율 10% 이상을 수착이라고 한다.

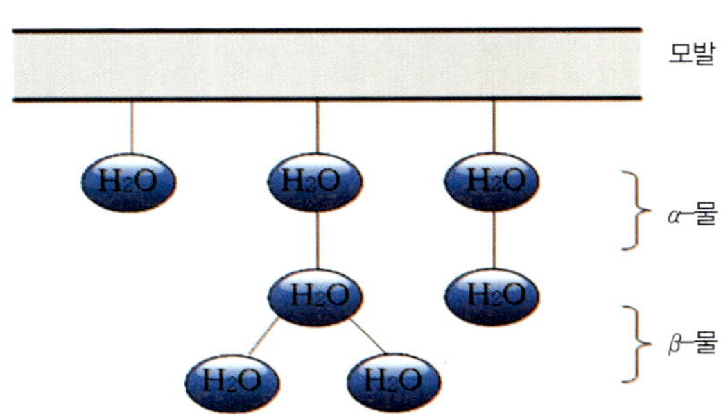

〈그림 133〉 α물 β분자

① 흡수(absorption)

고체와 기체간 표면 현상으로서 물분자가 고체 내부까지 침투하는 경우이다.

② 흡착(adsorption)

물분자가 모발섬유와의 계면에 있어서 상(phase)의 내부와 다른 농도로 존재하는 현상으로 고농도로 흡수된 상태이다. 이 때 모발섬유는 흡착매가 되며 물은 흡착질이 된다.

③ 수착(sorption)

물분자가 모발섬유 표면에 흡착된 물질보다 더 내부에 침투, 확산되는 현상이다.

2) 수분율

모발에서의 수분율은 물리적 고찰에 관한 내용이다. 이는 고분자를 이루는 모발의 친수성 분자, 소수성 분자, 디세구조에서의 비결정영역 구성비 또는 분자의 배향성, 거시구조에서 모발 다공성 등에 영향을 갖는다.

건조모발 섬유로 흡수되는 물은 미세섬유 표면과 비결정영역의 구형단백질 표면에 존재하는 친수성기(hydrophilicsites)로부터 처음 흡수된다.

〈표 8〉 수분의 흡수와 발산

종류	관능기(작용기)
친수성기	$-OH$, $-NH_2$, $-C(=O)-OH$
약한 친수성기	$-C(=O)-N$, $-C(=O)-$, $-C(=O)-OH$
소수성기	$-CH_3$, $-CH_2$

RH(%)	흡수(체적 증가율)	발산(체적 증가율)
0	0	0
10	5.7	6.8
40	12.2	13.0
60	16.3	17.3
90	24.6	25.1
100	32.1	32.1

(1) 수분율 또는 수분 회복율(moisture regain)

• 건조모발의 질량에 대한 흡수 수분의 질량비 = $\frac{\text{W(수분을 흡착한 시료의 무게)}-\text{D}}{\text{D(건조시킨 모발 시료의 무게)}}$

(2) 함수율 또는 함유 수분율(moisture content)

• 건조시키지 않은 수분을 포함한 전 모발 시료의 질량에 대한 함유 수분의 질량비 = $\frac{W-D}{W} \times 100(\%)$

수분율이 낮으면 샴푸 후 건조가 쉬워지며 정전기 발생률 또한 높아 염색성에 영향을 미친다.

3) 상대습도와 수분율

모발을 대기 중에 방치하면 수분이 흡착 또는 방출됨으로써 대기 내 수증기와 균형이 유지되는 상태가 된다. 기온이 높고 공기가 건조할 때 빨리 건조되듯 모발과 섬유의 수분 함유량 비교 시 습도 65%, 온도 25℃의 표준상태 즉, 상대습도(relative humidity, RH)에서 수분율이 측정된다. 모발 수분율의 균형은 온도에 따라 영향을 받듯 흡수량은 동일한 온도에서도 습도가 높게되면 흡수가 증가되고 동일한 습도에서는 온도가 높게 되면 흡수는 감소된다. 따라서 흡착량은 온도와 습도에 영향을 받아 변동되나 온도의 영향보다는 상대습도의 영향이 더 크다.

모발은 대기 중 10~15%, 세발 직후 30~35%의 수분을 포함하며 블로우 드라이어로 건조해도 10% 전후이나 물이 흡착되어 모발이 손상되면 흡착물의 증가량에 의해 중량과 체적이 늘어난다.

4) 수착열(Sorption heat)

모발섬유는 수분을 수착하면 열을 발생시킨다. 발생되는 열량은 모발섬유 내에 존재하는 수분의 양, 수착되는 수분의 상(相)으로서 액체 수 또는 수증기의 여부 등에 따라 다르다. 흡수가 진행되면 물은 비교적 약하게 결합되므로 발생 열량이 적어진다. 일반적으로 운동하고 있던 분자를 정지시키면 운동에너지를 잃게됨으로써 이 에너지가 열로서 방출된다. 역으로 흡착수를 방출할 때는 운동에너지로서 열을 흡수한다. 이는 유효 친수기의 수 또는 비결정영역의 양에 의해 값이 달라지기 때문이다.

(1) 수분의 확산

모발에 수분이 흡습 또는 탈습되는 현상은 수분의 확산 때문에 생기는 현상이다. 모발이 수분을 수착하여 평형에 도달하는데 걸리는 시간이 늦은 것은 물분자가 공기 중에서 임의 운동(random motion)을 하면서 모발 표면에 도달하고 또 모발 표면에 도달된 물분자도 임의 운동을 하면서 모발 내부로 침투하기 때문이다.

(2) 컨디셔닝

모발이 어느 일정량의 수분을 수착하는데 걸리는 시간, 수착 속도, 대기와의 수분 평형에 도달하는데 걸리는 시간 등을 컨디셔닝이라 한다. 이는 모발이 흡습 또는 탈습 과정에서 그 주위 공기의 수분 상태와 평형을 이루는 현상이다. 모발이 수분을 수착하여 열을 발생시키고 또 탈습하면 열을 흡수하므로 모발 주위 공기의 온도가 일정하게 된다. 그러나 모발과 주위 환경과의 수분 교환은 모발에 부분적으로 온도의 변화를 가져오게 한다.

① 온도의 영향

온도가 높게 되면 흡착량은 적어지나 온도가 낮으면 흡착량은 많아진다.

② 습도의 영향

습도가 높아질수록 흡착량은 높다.

③ 극성기의 영향

친수성기 (COOH, NH_2, OH, CO-NH)가 많은 만큼 흡착량 또한 많아진다.

(3) 흡착 현상

모발에서의 흡착 과정을 4단계로 구분하면 다음과 같다.

① 초기 흡착

공벽에서 친수성기와 물분자가 수소 결합에 의해 흡착되기 시작하는 상태이다.

② 단분자막 상태

모발 내부 표면이 거의 한 겹 물분자 막으로 덮여 있는 상태이다.

③ 단분자막에서의 결합수

단분자막 위에 수소 결합 물분자가 겹쳐 있는 상태이다.

④ 흡착 곡선

공공이 있는 자리에도 거의 물분자로 충만되어 있는 상태이다.

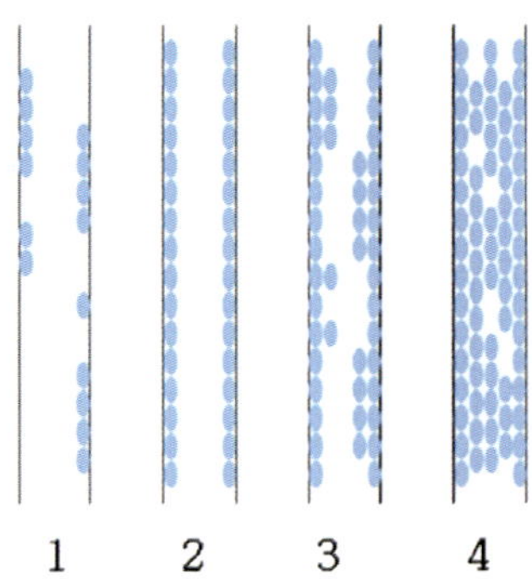

〈그림 134〉 흡착 과정과 등온 흡착 곡선과의 대비

(4) 유지의 흡착

모발에 대한 유지 흡수량은 유지 종류에 따라 차이가 있다. 〈표 9〉에서 볼 수 있듯이 식물성 유지보다 광물성 유지의 쪽이 흡착이 높고 그 중에서도 유동 파라핀이 가장 많이 흡착한다. 모피질은 친수성이지만 모표피의 표면(Epicuticle)은 친유성이기 때문에 유지 흡수는 주로 모표피 표면에서 이루어진다. 화학 처리는 그 외의 방법에 의해서 모표피가 변성, 손상, 탈락하거나 하면 유지에 대한 친화성이 감소하기 때문에 유지 흡수력은 감소한다.

〈표 9〉 유지의 흡수율, 유지의 제거율

유지 종류	흡수율(%)
올리브유	3.18
동백기름	7.18
바셀린	8.76
유동파라핀	11.06

종 류	처리 양(%)
실리콘	73
미처리	57
H_2O_2	55
황산	41
표백분	32
알콜성수산화칼륨	4
차아염소산나트륨	1

〈표 10〉에서는 여러 화학 처리를 한 모발에 대한 유지 잔존율의 데이타를 나타내었다.

〈표 10〉 유화, 유지의 흡착율

유지의 종류 (유지 1: 계면활성제 0.5)	흡착율(毛 1g에 대한 ㎎ 수)
유동파라핀	13
스쿠알렌	14
세타놀	20
라놀린	18
밀랍	23
스테알린산	19
I.P.M	26

2. 팽윤성(Swelling)

일반적으로 중량과 체적의 증가 과정인 팽윤은 습도 60% 이상으로 수분율 10~15%의 흡착 후기를 갖는다. 이는 모발이 완전하게 물에 잠길 때 그 본질은 변화되지 않고 체적과 중량만이 증가되는 현상이다.

1) 팽윤의 형태

물의 흡수로 인한 모발섬유의 팽윤은 방사상(radial direction)에 의해 한정된다. 건조 상태에서 습기가 더해질수록 모발섬유는 대략 12~15% 정도 굵어지며, 1~2% 정도의 길이가 늘어난다.

(1) 유한팽윤

어느 정도 팽윤이 진행되면 그 이상 진행되지 않는 경우로서 모발과 섬유는 거의 유한팽윤을 갖는다. 이때 직경 방향은 크지만 길이 방향의 변화는 조금밖에 변하지 않으므로써 방향에 따라 팽윤성이 달라지는 것을 팽윤부등방성이라 한다.

(2) 무한팽윤

제한없이 팽윤되어 마지막에는 용액이 되어 버리는 경우로서 케라틴 단백질을 예로 들 수 있다.

(3) 유지의 흡착

모발에서의 유지 흡수는 유지 종류에 따라 차이가 있다. 식물성 유지인 올리브유(3.18%), 동백기름(7.18%)보다 광물성 유지인 바셀린(8.76%), 유동파라핀(11.6%) 등의 흡착이 큼을 나타낸다. 유지류를 계면활성제로 유화한 경우 모피질보다 모표피에서의 흡수량은 감소된다.

이중유제인 계면활성제가 친수성인 o/w형과 친유성인 w/o형을 나타낼 때 친수형은 모피질에 친유형은 모표피에 많이 흡수되므로 사용 목적에 따라 선택된다. 즉 모피질 내 세포 구조는 친수성에 가까우며 모표피 내 에피큐티클(A층)은 친유성에 가까우므로 유지 흡수는 주로 모표피 표면에서 이루어진다.

2) 팽윤도

모발섬유가 수중에서 팽윤 평행에 달하는데 소요되는 시간은 실온에서 15분 이상, 고온에서 5분 이내로 거의 팽창에 가까운 팽윤도가 된다. 팽윤된 모발을 공기 중에 방치했을 때 수분의 존재 양식에 의해 수분은 서서히 감소된다. 처음에는 급속히 수분이 감소하나 5% 이하의 수분이 남으면 감소 속도는 저하된다.

(1) 체적 수축

모발이 물을 흡착할 때 중량과 체적 증가와 함께 팽윤을 초래시킨다. 이를 체적 수축이라 한다. 예를들면 건조한 모발 체적을 ①이라 하고, 흡착되는 물의 양을 ②라고 하여 합쳐져 흡착된 모발 체적을 ③이라 할 때, ① + ② = ③의 등식이 예상되나 ① + ② 〉 ③으로서 체적 수축이 된다. 이는 모발 내 공공(void)에 물분자가 들어가면 전체로서는 예상된 체적만큼 등식이 성립되지 않는다.

(2) 온도의 영향

흡착의 경우 외부 온도 상승과 함께 흡수량은 약해지지만 물에 침전시킨 모발의 경우로서 습도 97%일 때 흡착량에서의 온도 차이는 미약하다. 반면 모관 중에 수분량의 포화상태는 물분자끼리 충돌이 형성됨으로 물분자의 밀집된 장벽에 의해 고관 외 공기 중에 분산되는 열 비율은 적어진다. 또한 물과 열에 의해 모발 내 수소 결합과 염

결합은 온도 상승과 함께 결합 간 절단을 통해 모관이 굵어지기 때문에 모관 내 물의 양은 많이 함유되어진다.

(3) pH의 영향

모발 섬유의 가장 안정된 pH상태 즉, 모발 등전점보다 산성으로 진행됨에 따라 팽윤도는 서서히 커지게 되지만 pH2 이하에서는 응고되거나 바스러져 용해된다. 모발 등전점보다 알칼리성으로 진행될 때도 순차적으로 팽윤도는 커지게 되지만 pH10 이상이 되면 급격하게 팽윤됨으로써 용해된다.

(4) 팽윤의 기전

흡착은 수증기가 흡수된 초기의 현상이나 팽윤은 흡착 후기 현상으로 볼 수 있다. 모발 내의 결합수는 외부에서 흡착된 자유수로부터 흡수량을 갖는다. 완전히 젖은 상태는 모발 내 공공인 즉, 비결정영역 내에 자유수에 의해 눌려 퍼지게 됨으로써 체적 또는 중량이 증가하게 된다.

① 모발섬유 구조

섬유 골격을 구성하는 결정영역인 주쇄는 짧은 측쇄로 강하게 결합하기 때문에 물에 의한 영향은 비결정보다 적으며 거의 팽윤되지 않는다. 따라서 종 방향의 팽윤은 섬유 간 측쇄 결합에 의해 방해받기 때문에 횡 방향으로 팽윤하게 된다.

② 모발팽윤 요인

케라틴 분자의 분자량, 결정영역의 양, 측쇄 결합의 수 등으로서 이들 요인이 많아지면 팽윤도는 저하된다.

③ 손상의 유무

손상모는 주쇄나 측쇄의 결합도가 절단된 상태로서 모발성분의 유출에 의해 다공성의 증가와 함께 팽윤도 또한 커진다.

3) 건조성

샴푸 후 젖은 모발 내 흡착된 물은 팽윤 균형 상태에서 30% 이상의 수분을 포함하고 있다. 모발 건조 과정의 속도는 처음에는 빨라지지만 흡수량 30% 이하가 되면 건조 진행 속도는 점차 느려진다.

(1) 타올 드라이

타올 건조 과정 처음에 모발 표면에 잔존해 있는 부착물이 제거되는 단계에서 건조 속도는 상당히 빨라진다. 이때 수분제거율 30% 이하가 되면 공공 중심부에 결합된 자유수의 증발에 필요한 열에너지보다 공공 벽에 가까운 물분자가 더 많은 열에너지를 필요로 하기 때문에 건조 속도는 서서히 느려진다.

(2) 드라이어 이용 건조

사용되는 기기의 종류와 경과 시간 측정위치 등에 따라 건조(air forming)에 차이를 나타낸다.

① 후드식 블로우 드라이어

두개피 내에서 100℃ 이상, 습도 95% 이상으로 사용되는 후드식 드라이어는 그 내부 온도와 습도 측정에 의하면 상당히 고온 다습한 상태이다. 이는 기기 자체가 공기의 유통을 원활히 하지 못하는 구조상 결점을 갖고 있기 때문이다.

② 핸드 블로우 드라이어

건조식 기기와 함께 사용되는 손놀림이 기기에서 분출되는 고온의 건조 공기를 다량으로 유통시켜 준다. 또한 임의적으로 열풍, 온풍, 냉풍을 조절하기가 쉬워 자연 방치 보다 모발 건조 시 편리하다.

- 온도를 높여준다.

공공 내의 물분자에 열에너지를 부여하고 분자 활동을 활발하게 하여 대기 중으로 분산시킨다.

• 습도를 낮춘다.

물분자의 분산을 방해하지 않도록 모발 주변의 물분자 수를 줄인다.

• 풍부한 풍량을 갖는다.

모발 겉 표면에 정체되어 있는 물분자를 다량의 공기를 이용 제거한다.

4) 열변성

함수량이 많은 모발은 60℃ 전후에서도 열변성을 일으킨다. 기계적인 강도는 80~100℃에서 약화되기 시작하나 전열 롤러를 이용한 세트(set) 시 짧은 시간 고온 건조가 고정을 확실하게 해준다. 전열기기의 처리 온도는 60℃이하 시 모발 손상을 방지할 수 있다.

(1) 건열

모발에 미치는 열의 영향은 건조한 열이나 습한 열에 따라 차이가 있다.

- 120℃ 전후에서 팽윤된다.
- 130~150℃ 변색이 시작된다.
- 270~300℃ 탄화 후 분해된다.

(2) 습열

화학 물질이 모발 내 잔류 또는 용제에 팽윤된 모발은 낮은 온도에서도 손상을 받게 된다.

- 케라틴은 습도 70%에 70℃부터 변성된다.
- 케라틴의 β케라틴화는 130℃에서 10분간 유지될 때 변화한다.
- 모발 시스틴은 150℃ 전후에서 감소된다.

5) 광변성

적외선과 자외선은 모발 손상에 따른 변성을 준다. 모발 케라틴은 어느 정도의 열에 의해 측쇄 결합이 절단되기도 한다. 자외선은 화학선으로서 과도히 노출될 때 모발 시스틴결합이 변성되거나 감소되며 모표피의 비늘층 간 팁을 바스러지게 한다. 예로써 고온의 실외 근로자나 해안 거주자 등에서 펌이 잘 형성되지 않고 늘어나는 원인은 자외선에 의한 모발 케라틴의 변성으로 볼 수 있다.

6) 대전성

정전기(static electricity) 현상을 저온에서나 건조 시기에 많이 볼 수 있다. 마찰 전기와는 달리 케라틴의 극성기에 의한 이온화 현상은 모발에서의 + 또는 −의 전기적 성질에 의해서다. 모발의 흡수 상태에서 그 수분의 pH가 극성기(−COOH, $-NH_2$)의 해리를 갖기 때문이다. 모발 등전점 상태의 pH에서는 카복실기(−COOH) 및 아미노기($-NH_2$)도 함께 전리됨으로써 −또는 +의 양성적 이온을 가진다. 그러나 알칼리성 상태에서는 카복실기(−COOH)의 해리가 촉진되어 −COO− 극성기가 강하게 작용되나 산성 상태에서는 아미노기($-NH_2$)는 NH_3^+로 되고 카복실기(−COOH)의 해리는 억제된다. 결국 알칼리측에서는 다른 +이온과 전기적으로 결합이 강해지며 산성측에서는 −이온과 결합력이 강하됨을 갖는다. 이는 활성제와 염료분자 내 흡착 현상으로서 염기성 염료분자는 +에서 전하함으로 알칼리성에서 흡착되기 쉬우나 산성염료는 −에서 전하하기 때문에 산성에서 흡착되기 쉽다.

6

제VI장 모발의 점·탄성적 성질

물질의 변형과 유동을 다루는 구변학(rhology)은 콜로이드계에 대한 성질을 밝히는데 많이 기여했다. 모발에서의 점 · 탄성적 성질 즉 역학적 성질은 탄성, 소성, 점성, 완화 등이 온도, 시간, 외부의 압력, 조건 등에 따라 복잡한 변화를 갖는다.

1. 탄력성

모발에 어떤 힘을 작용시켜 형태를 변형시킨 다음 가했던 힘을 제거할 시 모발 본래의 모양과 크기로 되돌아 가려고 한다. 이러한 성질을 탄성이라 하며 이와 같은 변형을 탄성 변형이라 한다. 분자상 탄성 변형은 힘을 가했을 때 분자 간 결합이 늘어났다가 힘을 제거하면 원래 모양대로 회복됨을 갖는다. 모발섬유의 변형은 탄성 변형과 영구 변형으로 나뉜다.

① 변형(strain)

길이 또는 부피의 변화율을 나타낸다.

② 변형력(stress)

단위 면적 당 가해진 힘

③ 탄성율(coefficient of elasticity) $= \frac{\text{변형율}}{\text{변형}}$

④ 탄성회복율(%) $= \frac{\text{탄성 변형의 길이}}{\text{전체 변형의 길이}} \times 100$

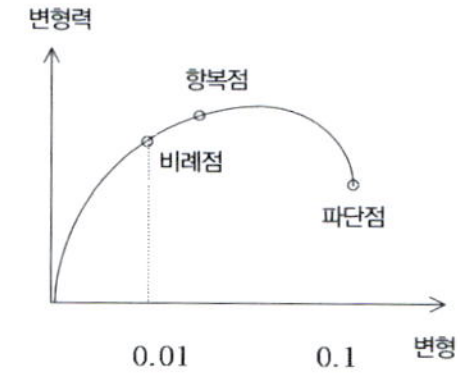

〈그림 135〉 모발의 탄력성

⑤ 비례점

비례점 이하에서는 변형에 가한 힘 즉, 변형력에 직접 비례한다.

⑥ 항복점

• 변형이 항복점 아래일 경우

물체에 가해진 힘을 제거하면 원래 모양과 크기로 환원한다.

• 변형이 항복점 이상일 경우

변형력을 조금만 가해도 그 길이가 계속 늘어난다.

⑦ 탄성 변형

고체의 성질이 있는 탄성체로 힘을 빼면 바로 원래대로 되돌아가려는 성질이다.

⑧ 영구 변형

힘에 의해 분자 간 결합이 늘어나서 결국 끊어진 다음 새로운 위치에서 다른 분자 간에 결합이 형성되기 때문에 원래 모양대로 회복되지 못하고 변형된 경우이다. 다시 말해 외력에 의해 모발이 변형을 받으면 모발섬유 내부에서 외력에 대해 저항하여 원상태로 돌아가려는 응력(힘)을 발생시킨다. 이 때 저항의 한계를 탄성한계라 하며 변형이 크기 이하이면 외력에 대해 저항하려는 힘과 비례하려고 한다. 그러나 변형에서 탄성 한계를 넘으면 급히 늘어나게 되어 외력을 제거하여도 완전히 원상태로 돌아가지 못하고 영구 변형이 생긴다.

2. 인장 강도와 신장

모발에 외력을 가할수록 늘어남과 동시에 굵기는 가늘어지고 마침내 늘어나 끊어지기도 한다. 늘어난 비율을 신장율(%)이라 하고 끊어지는 무게를 인장 강도(g)로 표시한다. 즉 늘어나서 끊어지는 순간까지를 인장 강도와 신장으로 기술할 수 있다.

(1) 인장 강도

모발 굵기에 따른 절단 시의 무게를 절단시의 모발 단면적으로 나누어 단위면적 당 하중으로 된 것을 인장 강도 또는 강도(kg/㎟)라 한다. 인장 강도 측정 시 온도와 습도에 따라 수치는 달리 나오므로 RH(온도 25℃, 습도 65%)를 기준으로 해야 한다.

$$\text{인장 강도} = \frac{\text{절단하중}}{\text{모발의 굵기}}$$

이 때 모발에서의 개인차, 모발성장 및 관리경로, 시험 값의 길이, 늘어나는 속도 등 측정치는 측정자에 따라 다르다.

- 평균적으로 건강모의 신장율은 40~50% 정도이다.
- 신장 강도 140~150g으로서 물에 젖었을 때
  신장율 60~70%, 신장 강도 90~100g 정도이다.
- 모발섬유 인장 특성에서 모발 케라틴의 $\alpha \rightleftharpoons \beta$ 전위 시 2배로 늘어난다.
- 폴리펩타이드 주쇄는 보통 상태에서 α-helix 구조를 형성하나 당기면 지그재그 상의 β 케라틴이 된다.

(2) 신장

모발 한 올을 두개피에서 뽑을 때 인위적으로 가해지는 외력은 약 50g정도로서 이를 모발의 고착력이라 하며 모발이 늘어나는 비율을 신장율이라 한다. 모발은 모든 기계적인 요인들에 대해 매우 견고하여 모발을 절단시키기 위해서는 상당한 힘이 다음과 같이 요구된다. 민감성 모(50~90g), 탈색모, 펌된 모(40~60g), 스트레이턴드 후 탈색모(30~50g), 황인종(100~150g), 백인종(60~100g), 흑인종(40~60g) 등으로서 모발 파열량은 나이, 인종에 따라 화학 제품 사용 후 또한 변화됨을 나타낸다.

3. 무게 신장 곡선

모발이 늘어나는 순간부터 끊어지는 순간까지의 변화를 나타내는 무게 신장 곡선은 종축에 하중, 횡축에 신장율로서 각 신장율에 대한 순간 순간의 하중그래프를 이용 순차적으로 기입하여 하중 신장 곡선도를 나타내었다. 이를 변형력- 변형곡선(stress-strain curve)이라 하며 융기점(강견점), 항복점(포스트 강견점), 파단점 등 3단계로 분류된다. 특히 온도가 높은 만큼 쉽게 늘어나며 신장율 또한 크게 된다.

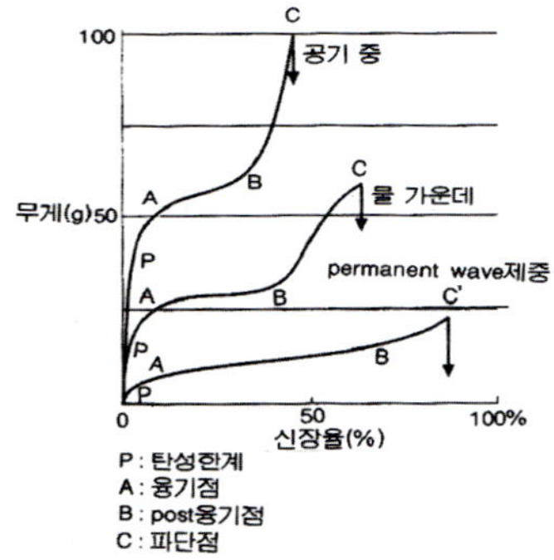

〈그림 136〉 모발 무게의 신장 곡선

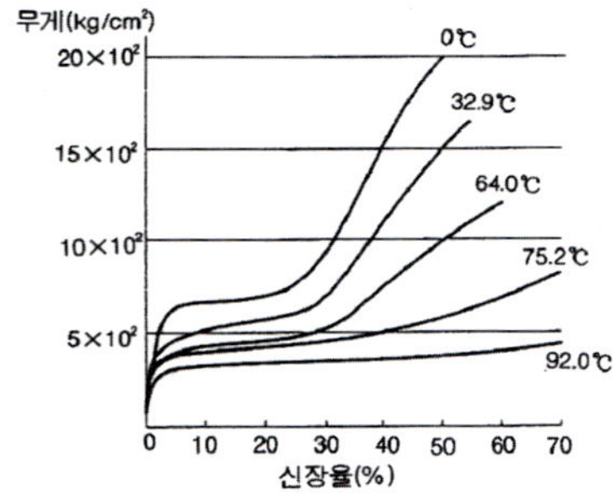

〈그림 137〉 온도와 신장율

4. 모발의 탄성 움직임

① 최초 시작(0~A) - 융기점(강견점)

신장율 2.5% 전후는 탄성 영역으로 무게와 신장율은 비례하여 무게를 제거시키면 원래 길이로 되돌아간다. 무게 크기를 비교해보면 신장율이 적기 때문에 결정 탄성으로서 탄성율은 크다.

② 완만한 곡선(A-B)- 항복점(포스트 깅견점)

항복영역으로서 신장율 2.5~30%의 부분에서 약한 무게로 고무와 같이 잘 늘어나기 때문에 고무탄성적 신장으로서 탄성율은 적게 나타난다.

③ 상향곡선(B-C)- 파단점

포스트 항복영역은 신장율 약 30% 이상에서 파단이 되며 다시 늘어나지 않는 영역으로서 탄성율은 크다.

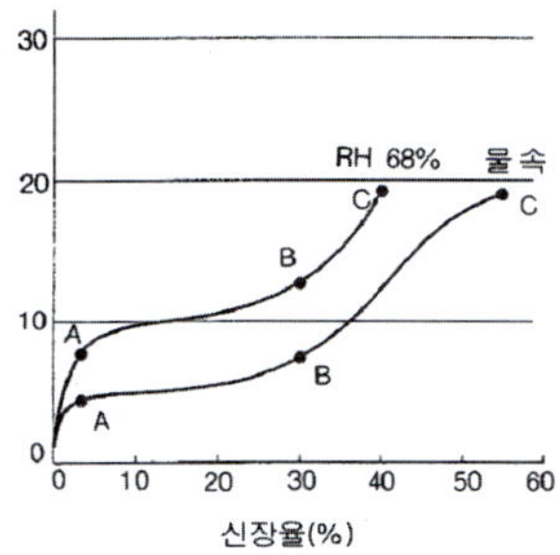

〈그림 138〉 모발의 탄성

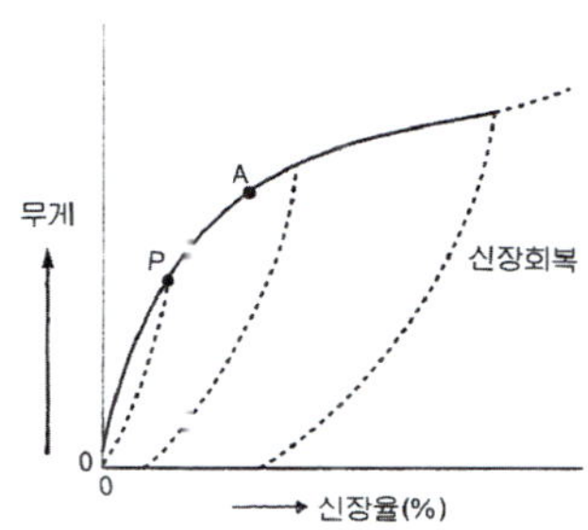

〈그림 139〉 늘어나기 시작할 때 부분 확대도

1) 케라틴의 분자구조와 탄성 움직임

〈그림 140〉은 α-케라틴에서 β-케라틴화의 모식도이다. 실선은 폴리펩타이드 주쇄, 점선은 수소 결합, R은 알킬기를 나타내고 있다.

① 0-A (항복점)

코일상으로 꼬여있는 α-케라틴의 동일분자 중에 수소 결합은 약한 당김에 의해 간격이 2.5% 정드 늘어난다.

② A-B (포스트 항복점)

수소 결합이 절단되어 α형은 β형으로 전이하기 시작한다. 약간의 무게가 있어 신장비율이 급히 크게된다. 신장율 30% 부근이 되면 거의 주쇄가 β형이 된다.

③ B-C (파단점)

신장된 β-케라틴을 지속적으로 신장 시 분자 상호간 엇갈려서 늘어나거나 분자의 주쇄가 절단된다. 이는 분자 간 응집에너지보다 절단에너지가 더 크기 때문으로써 분자간의 미끄럼에 의해 신장된다. 그러므로 신장된 분자는 미끄럼이 크게 되고 마침내 끊어진다.

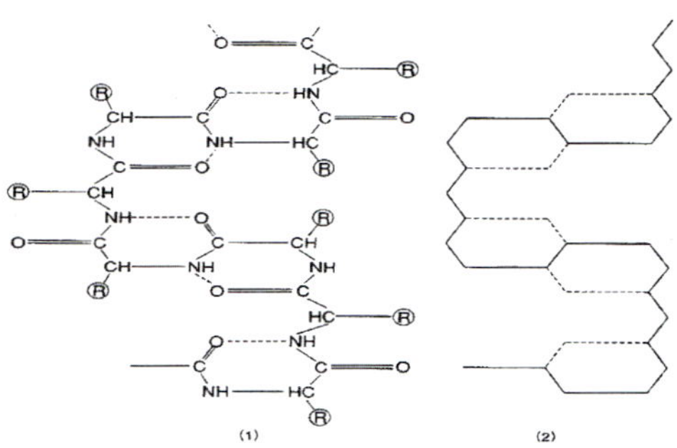

〈그림 140 〉 α-케라틴

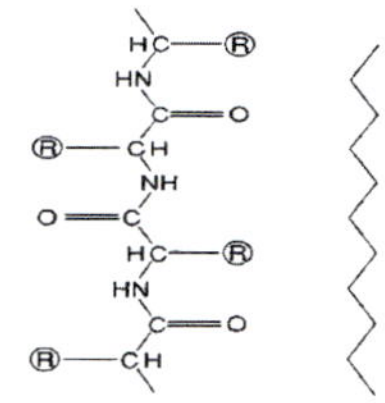

〈그림 141〉 β-케라틴

5. 모발의 열, 전기, 광학적 성질

1) 열과 관계된 성질

(1) 보온성(thermal insulation)

모발에 영향을 미치는 요인은 열전도성, 수분 흡수열 등이다. 모발의 열전도율을 직접 측정한 연구 보고는 없다. 모발이 공기를 많이 함유할 수 있으면 보온 효과가 커지듯이 모발의 보온성은 섬유가 수분을 흡수할 때 열을 발생시키는 것에 관계한다.

수분 흡수가 클수록 발열량은 크다. 즉 더운 곳에서 추운 곳으로 옮겨가면 섬유가 공기 중의 수분을 흡수하여 발열하므로 인해 급격한 온도 변화를 막아주기 때문이다.

(2) 내열성(heat-resistance)

모발은 염색이나 펌, 샴푸, 블로우 드라이어 스타일링, 컬리 아이론, 웨트 헤어 스타일링 등의 임상시술 과정에서 열에 견디는 정도를 말한다.

(3) 열가소성(thermoplasticity)

모발을 컬리 아이론 또는 블로우 드라이어로 헤어 스타일링을 연출할 때 모발형태가 갖는 본래의 모양으로 돌아가지 않고 일시적 세트력을 가진다. 이와 같이 열과 힘의 작용에 의해 영구적이거나 일시적인 변형이 생기게 하는 성질을 열가소성이라고 한다.

열가소성은 천연섬유보다 합성섬유가 우수하다. 왜냐하면 합성섬유 제품은 융점보다 조금 낮은 온도에서 열처리 후 잡은 형태(set)이다. 이를 열고정이라고 한다.

2) 전기적 성질

물질을 기계적으로 세분하여 보면 물질 각각의 성질을 소유하는 최소단위가 분자(molecule)이며 분자를 다시 화학적으로 분해하면 여러 개의 원자(atom)로 나누어진다. 원자는 양(+)전하를 갖는 원자핵과 음(−)으로 된 전자(electron)로서 원자를 구성한다. 전자들이 지닌 음(−)전하의 총합은 원자핵이 지니고 있는 양(+)전하와 같다. 그러므로 원자는 전기적으로 중성이라고 볼 수 있다.

전자는 일정 크기의 질량과 전하량을 가지고 있는 매우 작은 입자이다. 이것은 전자의 성질 중에서 가장 기본적인 것으로서 각각의 전자는 음(−)의 전기를 띠고 있다. 전자가 띠고 있는 전기량을 일반적으로 e 또는 q로 표시한다.

건조한 날 머리카락을 빗었던 빗으로 종이를 들어올리거나 수도꼭지에서 흘러나오는 물의 흐름을 바꾸는 것, 담요를 한 장씩 벗겨낼 때 불꽃이 튀는 것, 양탄자 위를 걷고 난 후 문고리를 잡았을 때 어떤 충격을 가질 수 있는 것은 전기적인 효과이다. 나침반 바늘의 지향성, 자석과 못 사이의 인력은 자기적인 효과이다. 1600년대 엘리자베스 1세 여왕의 의사였던 길버트는 전기 현상과 자기 현상을 구별한 최초의 사람이다. 그는 호박(화석화된 수지)을 의미하는 그리스어인 elektron에서 유래된 전기적 (electric)이라는 단어를 만들어 냈다. 길버트는 전기적인 효과가 호박에만 국한되지 않고 많은 물질들도 비벼대면 전기적 성질을 띤다는 것을 알았다.

빛, 화학 반응, 물질의 성질 그리고 신경섬유를 통한 신호의 전송 등과 같은 모든 물리 현상은 사실상 전기 현상이다. 실제로 우리가 매일 일상에서 겪고 있는 것들 중에서 전기적이 아닌 것은 중력뿐이다. 라디오, 텔레비전, 컴퓨터, 전동기(motor) 그리고 X선 기계 등의 설계와 작동은 전하 사이의 전기적 상호작용에 대한 지식을 근거로 하고 있다. 전하는 전기 효과와 자기 효과를 만들어 내고 또한 이를 경험하는 물질의 성질이다. 정지하고 있는 전하들의 전기적 성질에 관한 주제를 정전기학이라 부르며, 전기 효과와 자기 효과가 모두 존재하고 있을 때 전하 사이의 상호작용을 전자기라고 부른다.

(1) 수분의 영향(effect of moisture)

수분은 유전성에 뚜렷한 영향을 미친다. 고주파에서 섬유소 섬유의 유전성은 물 분자가 얼음 분자와 유사한 방식으로 제한받는다는 가정과 일치한다. 모발의 경우 유전율이 더욱 낮으며 이는 흡수된 물 분자들이 더욱 밀집해 있어 전기장에서 일렬로 배열될 수 없음을 나타낸다. 이러한 움직임은 낮은 함수율에서 현저하며 모발에 흡수된 수분은 케라틴 분자 측쇄들의 친수성기와 견고하게 결합한다.

(2) 온도의 영향(effect of temperature)

온도의 상승에 따라 쌍극자 운동에 대한 제한은 감소되며 그 결과 고체의 유전율은 증가한다. 즉 분자간 제한이 작은 액체와 기체에 있어서는 온도의 증가에 따라 분열은 더욱 심해지고 쌍극자들의 일렬 정렬이 다소 불규칙적으로 되어 유전율은 낮아진다.

(3) 정전기(static electricity)

탈레스(Thales)는 기원 전 600년에 정전기 효과에 관한 가장 오래된 최초의 기록을 남겼으며, 그 후 18세기에 이르러 비로소 정전기 현상에 대한 연구가 시작되면서 전기적 특성에 관한 이해가 일반화되기 시작하였다. 일반적으로 정전기는 두 가지 물질이 접촉되었다가 분리되면 전하의 이동 → 전하의 분리 → 전하의 완화 과정을 거치면서 정전기가 발생했다가 소멸된다. 전류의 발견 이후에도 정전기의 발생은 여러 난점을 야기시켰다. 즉 같은 종류의 전하 사이에는 서로 반발력이 작용하여 재료 취급에 난점이 따르게 된다. 전하를 띤 모발과 반대 전하를 띤 먼지 사이에도 역시 인력이 작용하게 되어 모발은 대기 중에서 오염되기 쉽다. 모발은 양전하를 먼지는 음전하를 띠고 있을 경우 먼지는 견고하게 부착되어 오염은 더욱 심화된다. 따라서 모발은 절연성이 좋으므로 마찰시키면 전하가 형성된다.

① 마찰열(frictional heat)

마찰에 의해 국소적 또는 순간적으로 고온이 생겨 전자가 전도대에 여기된 이 자유전자가 타물질에 이동됨으로써 하전된다.

② 비대칭 마찰(asymmetry friction)

모발 한 올은 고정시키고 다른 한 올을 움직여 마찰시키는 것으로써 2개의 모발이 같은 물질이라도 (+)와 (-)로 분리 하전되는 경우 온도 분포로 인하여 하전입자 또는 하전전자의 확산이 일어난다.

③ 마모분의 이동

마찰에 의해 생긴 마모(abrasion)분이 하전입자를 포함하고 있을 때는 그 이동에 의해 하전된다.

④ 기체의 방전

마찰 전기의 양은 마찰되는 면적에 비례하여 증가되지만 어느 포화값에 도달된다. 이 포화값을 결정하는 요소는 주로 주위 공기의 방전과 모발 표면의 누전 저항이다.

⑤ 누전 저항

표면 또는 전체의 절연이 나빠서 전하가 누전될 때는 하전량이 감소된다. 실제로 습도가 높은 여름철보다 건조한 겨울철에 하전 장애가 많이 일어난다. 정전기 제거의 일반적인 방법은 전기전도성이 양호한 유지류를 도포하거나 또는 혼입하여 절연 저항을 감소시켜줌에 의한다.

⑥ 온도(temperature)

온도 상승과 더불어 하전량은 감소된다. 온도가 높을수록 시료 자체의 누전 저항이 감소되기 때문이다.

이와 같이 정전기는 움직이지 않는 전자 또는 이온에 의해 일어난다. 정전기는 모발을 빗질하거나 브러싱할 때의 마찰이나 압력으로서 마찰에 의해 일어나는 정전기는 마찰 전기, 압력에 의해 일어나는 정전기는 압전기로 불린다. 정전기에 대한 실제의 관심은 그 발생 및 소실이다. 일반적으로 고(高)전기 저항을 갖는 물질을 예를 들면 모발, 양모, 비단, 나일론은 실이나 레이온과 같은 전기 저항이 낮은 물질보다도 정전기가 모이기 쉽다. 모발의 저항을 낮게, 보다 전기가 흐르기 쉽게 함으로써 주위 환경의 전기 저항을 낮추어 마찰 에너지(brushing)를 감소시킨다. 이러한 방법에 대한 해결책들은 이미 시판된 모발관리 제품에 사용되고 있다.

(4) 정전기의 측정법

모다발(Hair strand)을 24시간 소정의 온도와 습도를 조절한 다음 일정 방법으로 모다발을 풀어 정전기를 일으킨 때의 모발의 부풀기를 측정하여 상대적인 정전기량을 평가한다. 또 다른 방법으로는 모다발을 습윤 조정하고 빗등 부분에 동선(銅線)을 묶는 특수한 빗을 오실로 그래프에 접속하고 일정 방법으로 모발을 두는 방법이다. 빗에 발생한 전하는 이론적으로는 모발에 발생된 전하와 같은 값으로서 정부(正負)가 반대의 전하가 된다.

(5) 모발 대전성에 대한 각종 인자의 영향

① 수분량, 저항과 정전기

모발의 수분량은 정전기에 대한 다른 어떤 인자보다도 큰 영향을 전한다. 수분량이 변화하면 모발의 전기 저항이 변화하기 때문이다. 양모와 모발의 전기 저항은 85% RH에서는 거의 같다(표 11). 또 52~85% RH의 범위에서도 마찬가지이다.

0~100% RH에 있어 모발 및 양모의 수분량과 상대 습도와의 관계는 거의 같으므로 0~100% RH로의 전기저항은 상대 습도와의 관계 역시 거의 같다. 양모섬유의 저항은 10% RH에서 90% RH가 되면 약 105배 변화되고 또 0% RH에서 100%로 되면 더욱 변화한다.

상대 온도가 변화되면 모발 정전기의 대전량이 변화되는데 이는 전기저항이 변하기 때문이라고 결론지었다(표 12). 결론에 대한 반증으로서 제품처리를 한 모발 각각에 발생하는 정전기의 습도를 측정하였다. 정전기는 습도가 증가함에 따라 감소하는 이 현상은 상대 습도가 크게 되면 모발의 수분량은 증가하고 전기 저항이 감소하기 때문이었다.

〈표 11〉 85% RH에 있어서 양모 및 모발의 전기 저항

구 분	전기 저항
양모	4.2~7.5×1012Ω
모발	10~17×1012Ω

〈표 12〉 모발에 발생된 정전기에 대한 상대 습도(RH)의 영향

처리	RH(%)		
	27	51	76.5
실험적 상품	14.3	10.8	3.3
크림린스	2.5	1.5	0.4

이 데이터는 빗에 발생된 전하를 오실로 그래프로 측정한 결과이다.

② 모발 빗질 시 정전기

모발을 샴푸하고 빗질하는 실험에서 정전기에 의한 모발의 팽윤 과정(팽윤되어 손상되는 것)은 빗질 횟수에 의해서도 의거된다. 따라서 정전기 발생을 억제하는 요령으로서 모발을 빗질할 때 빗질을 약하게 조심스럽게 하는 것도 하나의 방법으로 볼 수 있다.

③ 전하의 부호(mark of electric charge)

모발은 섬유단백질로서 마찰을 가했을 때 일어나는 정전기는 마찰의 방향에 의존한다. 모발섬유의 비늘층이 전부 같은 방향으로 향했을 때 한 가닥의 모발을 모다발 속에서 모근 쪽 가까이에서 당겨 뽑으면 그 모발은 정전기가 발생한다.

그러나 당겨 뽑힌 모발이 다른 모다발과 반대 방향이거나 모표피가 없는 경우에는 정전기가 발생하지 않는다. 왜 그런가에 대해서는 충분히 알 수 없으나 모표피의 이질성(異質性)에 의한 것으로서 모표피 선단(先端)은 모표피 표면과는 다른 마찰 전기 특성을 가지고 있으며 모발에 대해 모근에서 모간 쪽 방향으로 마찰하면 대부분 모표피 표면이 마찰되나 모간에서 모근 방향으로 마찰시키면 주로 모표피의 모간쪽이 마찰된다.

④ 정전기의 발생량에 대한 각종 처리의 영향

일반적으로 샴푸제 처리보다도 크림 린스 처리의 쪽이 모발에서의 정전기는 적다. 이는 모발의 대전성 및 빗질에 의한 모발과의 마찰 저항이 감소되기 때문이다. 크림 린스 성분은 이온성이므로 섬유의 저항을 저하시키며 윤활제로서의 역할에 의해 빗질을 용이하게 한다.

(6) 전자기파(electromagnetic wave)

전자파의 발생은 라디오, TV 등의 무선통신에 이용되며 빛이나 X선, γ선은 모두 전자기파의 일종이다. 도선에 전류가 흐르면 도선 주위에는 자기장이 생긴다. 이때 도선에 흐르는 전류의 세기와 방향이 변하면 그 주위에 생기는 자기장의 세기와 방향도 변하게 된다. 따라서 도선 내부에 존재하는 전자의 운동 방향이 주기적으로 변하면 전류의 방향도 변하므로 도선 안의 전기장과 도선 주위에 생기는 자기장이 주기적으로 변하게 되고, 이 때 전기장의 변화 때문에 생기는 전기파(電氣波)와 자기장의 변화 때문에 생기는 자기파(磁氣波)가 공간으로 퍼져 나가게 된다. 이것을 전자기파라고 한다. 이때 전기파와 자기파는 진동 방향이 서로 수직이고 동시에 공간을 퍼져 나간다.

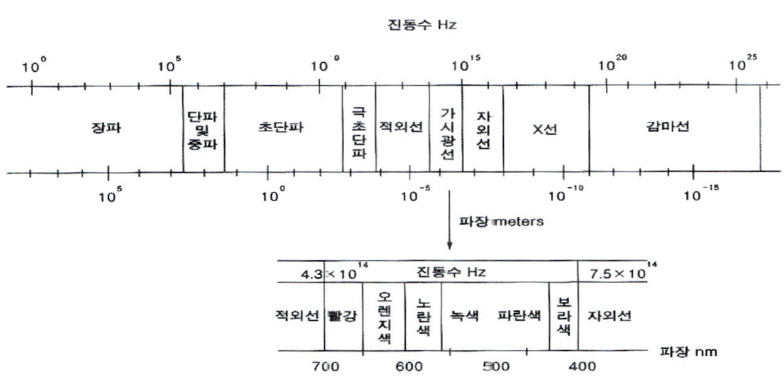

〈그림 142〉 전자기파 (spectrum)

전자기파는 빛과 같이 회절 · 간섭이 일어난다. 파라스 맥스웰이 주장한 바와 같이 빛도 전자기파의 하나임을 알 수 있다. 전자기파는 파장 또는 진동수에 따라 여러 종류로 구분하지만 그 본질은 모두 같으며 종류에 따라 특별한 성질을 갖는다.

- r선 : 재료의 흠 조사, 의료에 사용한다.
- x선 : 뼈나 치아에 흡수되므로 각종 뼈 사진 및 치료에 사용한다.
- 자외선 : 살균 및 화학 작용이 강하다.
- 가시광선 : 피부에는 투과하지 못하며 눈의 망막 및 수정체, 초자체에 흡수되어 망막신경에 자극을 줌으로써 물체를 식별할 수 있다.
- 극초단파 : 레이다 · 전화 중계에 사용한다.
- 초단파 : TV · FM 방송 등에 사용한다.
- 단파 및 중파 : 국내방송(AM)에 사용한다.
- 장파 : 비행기 및 선박 수신에 사용된다.

3) 광학적 성질

앞장에서 빛이 진동하는 전기장과 자기장으로 이루어진 전자기 횡파인 것을 살펴보았다. 더구나 이런 파동은 진공을 통해 전파될 수 있다. 이러한 빛에 관한 이론은 광학적 성질에 대한 기초가 된다.

빛의 전파에 대한 모든 문제를 비록 맥스웰의 전자기 이론만으로도 풀 수 있지만 그런 접근 방식이 자주 필요한 것은 아니다. 우리의 현 관심사는 빛이 유리와 공기같은 두 매질의 경계에 접했을 때 어떤 일이 벌어질지 살펴보는 것이다. 빛이 광선으로 진행하는 것으로 간주하고 간단한 기하학을 사용함으로써 거울과 렌즈의 효과를 분석할 수 있는데 이러한 접근 방식을 광선광학(ray optics)이라고 한다.

모발에 빛이 조사되면 부분적으로 투과, 흡수 또는 반사되며 이 세 가지 현상에 따라 각각의 움직임이 모발표면에 대한 시각적 감상을 결정한다. 모발의 광학적 성질 또한 모발 구조에 대한 정보가 될 수 있다. 특히 고분자물의 분자배향은 굴절율의 차이와 모발섬유축에 대하여 여러 방면에서 편광된 빛의 흡수 차로써 평가할 수 있다. 빛의 반사 및 산란은 모발의 광택과 관계되며 굴절 및 흡수는 분자구조, 배열도, 밀도, 팽윤도, 흡습 등에 의해 지배되는 것으로서 모발의 실용적 임상 가치(original set와 reset)와 밀접한 관계가 있다.

(1) 광선광학(light optics)

연기 자욱한 영화관의 영사실에서 나오는 빛이나 아침 안개 자욱한 숲 사이로 빛나는 햇빛은 곧바른 선으로 진행하는 것으로 나타난다. 또한 청명한 날에는 물체의 그림자가 더욱 선명하다. 따라서 빛의 전파를 광선으로 다루는 것은 자연스럽다. 광선은 아주 좁은 빛의 흐름에 해당하며 파동에너지가 진행하는 경로를 나타낸다.

기하광학(geometric optics)은 단순한 기하학적 작도를 사용하여 두 매질 사이의 접촉면에서의 곧은 광선의 행동을 연구한다. 그러나 빛은 전자기파이고 일반적으로 파동은 직선으로 움직이지 않는다.

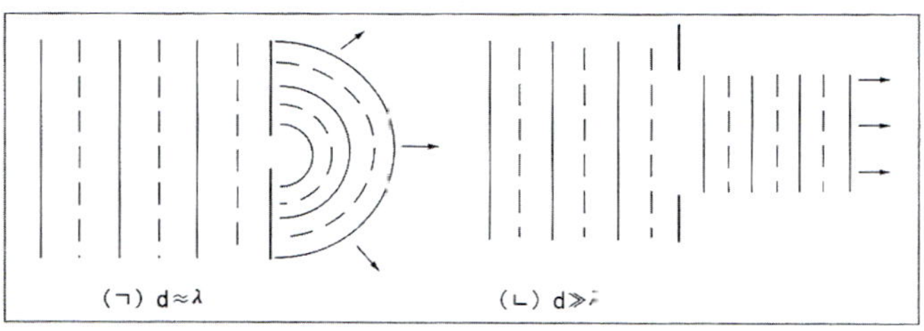

〈그림 143〉 빛의 전파

그림에서 크기 d인 구멍을 통과하는 파장λ일 파동, d인 경우 파동은 오른쪽 지역으로 퍼져 나간다. 이러한 광선의 휨을 회절이라 한다. d≫λ인 경우 파동은 원래의 방향으로 진행한다.

(2) 반사(reflexion)

평행한 광선이 유리와 공기같은 두 매질의 경계면에 비스듬히 입사하는 경우 일반적으로 일부 빛은 반사하고 나머지는 통과하거나 흡수된다.

표면이 매끄러운 경우에는 반사광과 입사광의 각도 사이의 관계는 간단하다. 이러한 거울 반사는 표면의 불규칙한 정도가 입사광의 파장보다 작은 경우에 나타난다. 거울 반사에서는 반사된 빛을 한 방향에서만 볼 수 있다. 물론 난반사의 경우에도 각 광선은 반사되는 작은 부분에서 거울처럼 반사한다. 다만 이런 모든 부분들이 제멋대로 향하고 있기 때문에 반사광은 같은 방향으로 진행하지 않는다. 거친(diffuse) 표면에서의 난반사인 경우 반사광은 모든 방향으로 진행한다. 반면 매끄러운(specular) 표면에서의 반사인 경우 반사광은 같은 방향으로 진행한다.

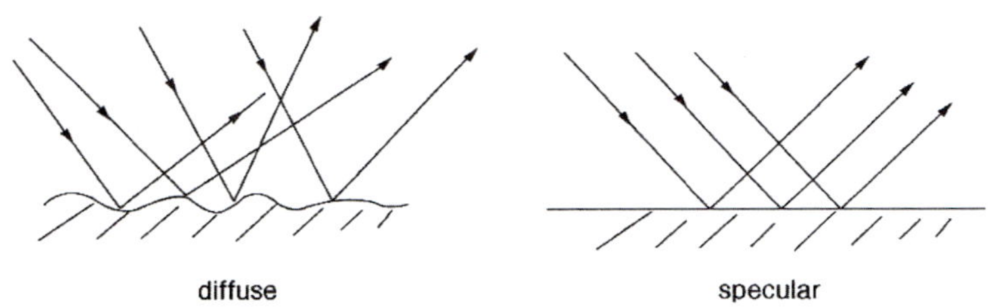

〈그림 144〉 반사의 법칙

(3) 산란(scattering)

파동이 진행해 나아갈 때 파동의 크기 또는 그보다 작은 장애물을 만나면 파동은 그 장애물을 중심으로 하여 사방으로 퍼져나간다. 이런 현상을 산란이라 한다. 산란의 정도는 파장이 짧을수록 크다. 즉 빛의 산란은 파장의 4제곱에 반비례 하게 된다. 예를 들면 하늘이 파랗게 보이는 것은 파장이 짧은 파란색 부분의 빛이 대기 중에서 강하게 산란을 일으켜 눈에 들어오기 때문이며 아침 저녁 노을을 볼 수 있는 것은 햇빛이 공기층을 지나오는 동안 파란색(주로 산란되는 빛)은 모두 산란되어 버리고 파장이 긴 빨간색(주로 산란되지 않는 빛)만 통과해오기 때문에 생기는 현상이다.

(4) 굴절(reflection)

빨대로 된 스트롱이나 젓가락을 물이 담긴 그릇에 부분적으로 담겨져 있으면 매질 속에 보이는 스트롱이나 젓가락은 굽어 있는 것처럼 보인다. 돋보기는 햇빛을 한 존에 모으거나 물체가 크게 보이도록 한다. 프리즘을 통과한 햇빛은 연속된 아름다운 색깔을 만든다. 이러한 다른 많은 광학적 효과는 두 매질의 경계면에서 광선이 굽어지게 되는 굴절 때문에 생긴다.

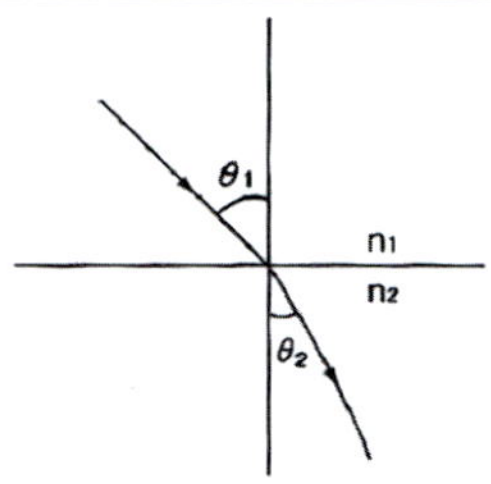

θ_1과 굴절각 θ_2는 스넬의 법칙에 의해 관련되어 있다. 관계 $n_1\sin\theta_1 = n_2\sin\theta_2$에 영향을 주지 않으면서 광선의 방향이 반대로 될 수 있음을 주의하라.

〈그림 145〉 프톨레마이오스의 굴절

위의 〈그림 145〉에서 보는 것처럼 입사광과 굴절광의 방향은 경계면의 법선을 기준으로 잰 입사각과 굴절각으로 나타낸다.

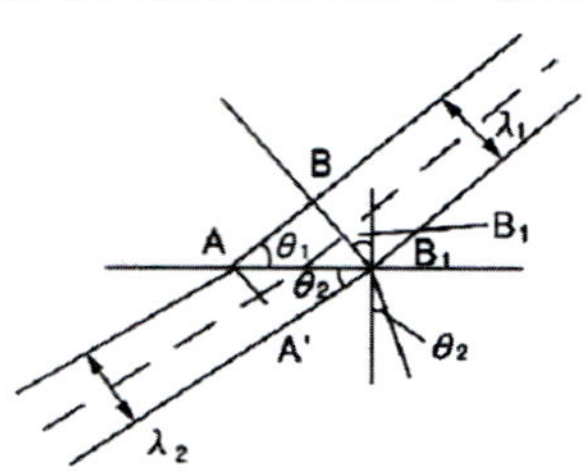

굴절은 호이겐스의 원리에 의해 설명된다. 굴절율이 높은 매질에서는 파의 속도가 작아진다. 한 주기 동안에 A에서 나온 작은 파는 파장 λ_2만큼 진행하고 B에서 나온 작은 파는 λ_1만큼 진행하는데 $\lambda_2 > \lambda_1$이다.

〈그림 146〉 스넬의 굴절

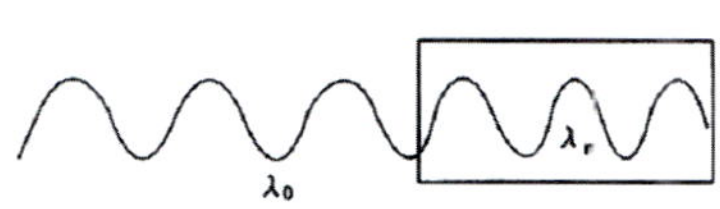

매질에서의 빛의 파장은 진공에서보다 작게 된다. $\lambda_n = \lambda_0/n$ 경계면을 지나면서 빛의 진동수는 변하지 않는다.

〈그림 147〉 빛의 진동수

① 굴절 및 복굴절(bending and double refraction)

빛의 전도 속도는 빛이 통과하는 매체에 따라 다르며 등방성(isotropic) 물질에서는 이러한 성질을 이용하여 진공에서의 광속과 물질에서의 광속의 비인 굴절율(refractive index) n의 기본적인 정의를 내릴 수 있다. 한편 빛의 진행 방향은 한 매체에서 이동할 때 굴절되거나 휘는 특성을 갖는데 이것으로써 굴절율을 정의할 수 있다.

$$\text{굴절율(n=)}\ \frac{\text{입사각의 sin값}}{\text{굴절각의 sin값}}$$

광파의 속도가 감소했다 함은 광파가 굴절율이 큰 매체를 통과하는 동안 지연되었음을 의미한다. 만일 광파가 다른 매채를 통과하는 빛과 결합된다면 여러 가지 간섭 현상이 발생하게 되며 이 현상을 이용하여 굴절율을 측정할 수 있다.

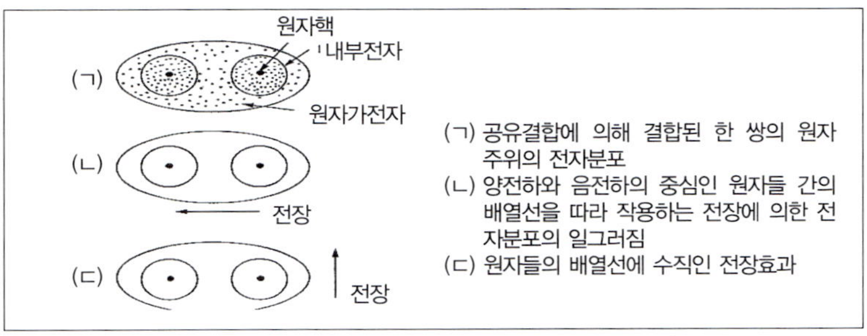

〈그림 148〉 굴절율

(5) 반사 및 광택(relexion and luster)

어떤 투명체의 물질에 빛을 쬐일 때 빛의 대부분은 물질 내부로 투과해 들어가고 일부는 반사하는 것으로 설명했다. 반사하는 양은 물질마다 다르게 되어 전체 물질 표면에 들어온 광선의 양과 반사된 광선의 양과의 백분비를 그 물질의 반사율이라 한다.

$$\text{어느 물질의 반사율} = \frac{\text{반사된 광선의 양}}{\text{전체 광선의 양}} \times 100(\%)$$

광택은 섬유의 미적인 관점에서 볼 때 매우 중요한 성질이다. 빛이 섬유표면에 도달하면 〈그림 149(a)〉에서와 같이 반사각에 따라 특정한 방향으로 반사되거나 〈그림 149(b)〉에서와 같이 반구에서 여러 각도로 확산되거나 또는 〈그림 149(c)〉와 같이 위의 두 경우가 조합된 상태를 나타내게 된다. 반사는 입사각과 색 그리고 편광에 따라 달라진다. 이와 같이 반사로 인해 시각적으로 나타난 외양이 물질의 광택을 결정한다. 광택은 주관적으로는 쉽게 관찰되지만 객관적인 특징을 부여하기란 극히 복잡하다. 만일 섬유가 빛을 완전 반사하는 원형 실린더와 같은 거동을 한다면 그림 153과 같은 광반사가 일어날 것이다. 이때 빛이 섬유와 교차되는 방향으로 입사된다면〈그림 150(a)〉 그 빛은 여러 색깔로 반사될 것이며 반면에 섬유길이 방향으로 입사된다면〈그림 150(b)〉 일정각으로 반사될 것이다. 이것이 바로 광택을 요하는 실이나 직물에서 섬유 배열을 평행하게 하는 이유이며 섬유광택의 기본 특징이다.

그러나 섬유는 여러 가지 원인으로 〈그림 150〉의 이상적 모형과는 차이가 있다. 실제로는 섬유 표면과 단면의 불균일성으로 인하여 여러 방향으로 반사되어 광택은 감소한다. 〈그림 150(b)〉와 같은 반사형태를 얻기 위해서 섬유는 길이 방향으로 균일해야 한다. 이러한 근거 때문에 견이나 인조 섬유 등의 균일 섬유사인 경우 광택은 더욱 높다.

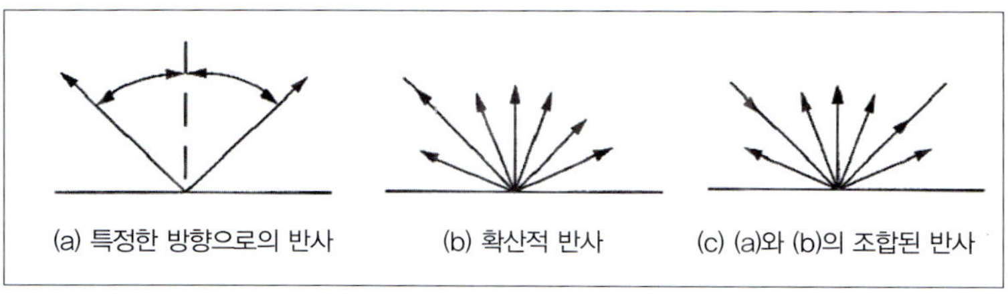

〈그림 149〉

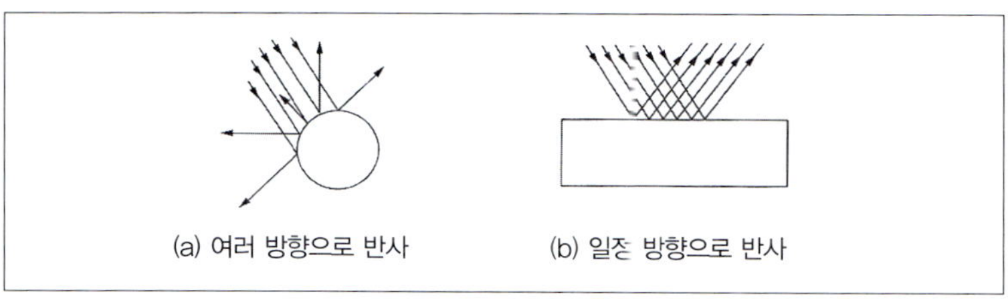

〈그림 150〉 원형 실린더에서의 광반사

① 광택(luster)

모발표면에 빛을 비추면 입사광은 모표면에서 반사 또는 굴절한다.

빛의 굴절이 일어날 때 모발은 광택을 잃는다. 반면 빛의 흡수가 일어나면 광택은 증가한다. 일반적으로 정반사와 확산반사는 동시에 일어나나 빛이 있는 표면에 입사하면 그 일부는 입사각과 같은 각도에 정반사(S)하고 다른 일부는 입사각과 다른 각도로 확산 반사한다.

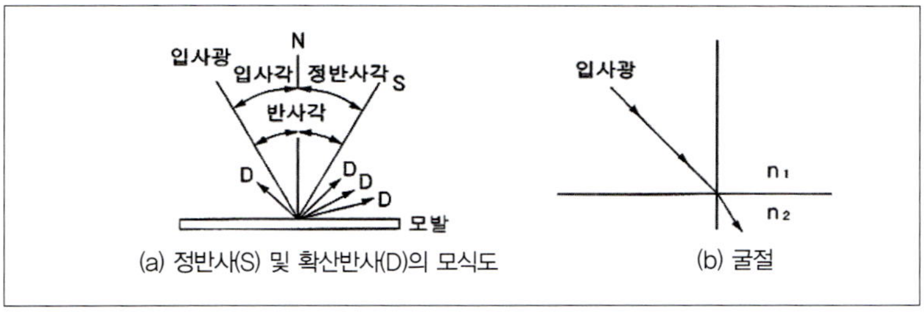

〈그림 151〉 모발 광택에 중요한 파라-메타

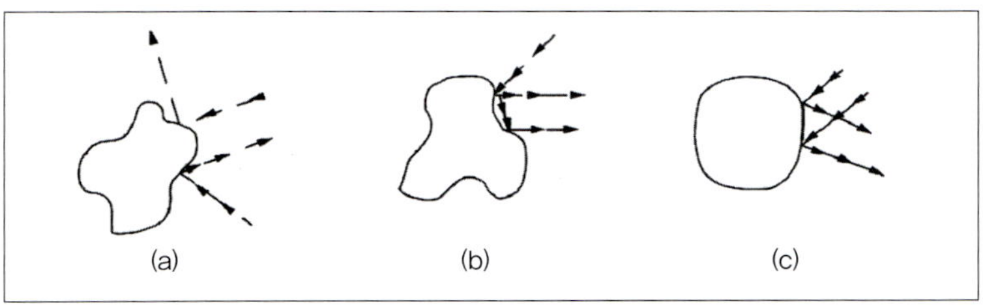

〈그림 152〉 빛의 반사에 대한 모발섬유 단면 형태

〈그림 152〉는 모발섬유의 단면 형태에 따라 빛이 반사하는 모양을 모여주고 있다.

(a)와 같이 오목 · 볼록이 심한 섬유 표면에서는 빛이 난반사되므로 광택이 없다.

(b)와 같은 삼각 단면에서는 은은한 광택이 난다.

(c)와 같이 둥근 단면 형태에서는 광택이 있다.

ㄱ. 모발의 빗질 방향에 따른 광택

모발이 길이대로 평행하게 빗질되어 있을 때에는 정반사광은 최대가 되며 확산반응은 최소가 된다. 모다발 또는 머리(head)의 모발 길이를 나란히 정돈하여 빗질했는가에 따라 광택 평가에 큰 영향을 주며 모발의 광택이 약간 변화하는 것에 대해 측정한다는 것은 어렵다.

ㄴ. 모발 길이의 방향과 광택

한 가닥의 모발 또는 모다발에서도 모축을 포함한 모발 면내에 반사시키는 편이 모발에 대해 직각으로 반사시킬 때보다도 광택이 있다. 모표피의 비늘층 방향으로 빛을 입사시키면 모표피의 비늘층 역방향에서 입사할 때 보다도 반사광이 크나 확산광은 적다. 모발 길이 방향에 맞추어 평행의 각도로 빛을 비추면 큰 각도로 빛을 비추는 것보다 광택은 더 난다.

ㄷ. 모발색 또는 염색과 광택

어두운 색의 모발은 밝은 색의 모발보다도 광택이 있게 보인다. 빛의 일부는 모발 표면에서 반사하고 남은 것은 모발의 모표피 가운데로 들어가 내부의 불규칙한 반사보다 산란시켜 다시 나올 때는 확산광이 증가하지만 모발에 색을 입혀 염색한 경우에는 이 확산광이 일부는 모발 표면에서 나오기 전에 흡수되어 약하게 되어 염색하지 않은 모발이나 금발보다도 광택이 더 나는 것처럼 보인다.

ㄹ. 샴푸 및 피지와 광택

피지 또는 비누 샴푸가 모발의 광택을 감소시키는 것을 나타내고 있다. 비누의 효과는 경수 중에서 또는 100ppm 정도의 저경도에서도 확인되었다(표 14). 이와 같이 ppm의 경도 석검을 포함한 샴푸가 마찬가지의 효과가 있는 것을 확인했다. 이들의 데이터에서 피지 및 샴푸에서 부착된 석검분은 명확하게 모발의 광택을 감소시킨다. 마찬가지 효과로서 카티온성 폴리머를 함유한 샴푸로 씻은 모발에 대해서도 관찰되었다. 이들의 성분은 모발에 균일하게 부착하지 않기 때문에 확산반사를 증가시키지만 부착물의 증가와 함께 정반사광의 감소도 보여진다.

〈표 13〉 모발의 대비 광택도(정반사/확산반사의 비)에 대한 샴푸의 영향

단 계	샴푸의 영향	data
단계 1	두개피에서의 유성모발	0.411
단계 2	시판의 석검 샴푸에 의한 세정	0.466
단계 3	시판의 TEALS 샴푸에 의한 세정	0.538

ㅁ. 헤어 스프레이와의 광택

헤어 스프레이 희석액 중에 모발을 담아 담그기 전후의 광택을 측정하는 것에 의해 시판 헤어 스프레이에 의한 모발의 광택변화를 검토할 수 있다. 정반사광(확산반사의 비(대비 광택척도))은 원액의 농도 및 사용되고 있는 수지의 종류에 의해 다르지만 2~4% 감소했다.

ㅂ. 펌 처리와 모발 광택에 따른 시각에 의한 평가

펌 처리 모발의 광택을 기구에 의해 평가한 데이터는 눈으로 볼 수 없지만 시판 중인 홈 펌으로 처리한 암갈색의 모발 다발의 판넬에 의한 시각 평가의 결과 미처리 모다발보다 약간 광택이 감소하고 있다고 평가하였다. 또한 색이 약간 밝게 되는 변화도 확인했다. 이같은 변화는 모발의 광택이 실제로 변화된 것이다. 이는 모발 자체의 성질로서이지 빗질이나 빗질의 잘못이 아니라고 생각한다.

ㅅ. 모발에 대한 마모와 광택

백 콤 또는 거친 브러싱을 하면 모표피의 모간 부분을 박리시켜 모발 표면을 불규칙적으로 만들어 모발의 광택을 감소시킨다. 브러싱 또는 빗질 시 모발의 흐름을 정돈함으로써 이 같은 광택의 감소는 두드러지지 않는다.

(6) 내일광성

모발이 자연 환경에 오랫동안 노출되면 일광, 물, 공기 등의 작용에 의해 강도가 떨어진다. 자외선에 의해 모발이 손상을 받으면 공기 중에 있는 산소와 수분이 모발 고분자의 분해를 촉진시킨다.

6. 탄성 히스테리시스와 가소성

모섬유에 외력을 주어 신장시킨 하중 신장곡선에서 하중을 제거하였을 때 돌아가는 제중곡선 즉, 소성은 처음 늘린 신장 위치 또는 길이, 체적 등 이전과 똑같은 탄성으로 돌아가지 않는 현상을 히스테리시스라 한다. 하중 신장곡선과 제중곡선에 사용된 에너지의 일부는 그 물체에 잔류하고 열이 되어 밖으로 소실된다. 모발섬유의 제중곡선은 위치에 따라 달라지며 보온성, 내열성, 열가소성을 지니고 있다.

모발의 제중곡선은 아래 그림의 점선과 같이 제중 위치에 따라 달라진다. OP는 탄성영역으로 가서 돌아오는 것이 동일 경로를 통하지만 P점을 넘어 신장율이 커지게 되는 만큼 탄성 히스테리시스는 크게 되고 모발의 길이도 원래의 길이보다 길게 된다. 이 성질이 소성이라고 말하는 것으로 AC를 소성영역이라고 한다. 건조모, 습윤모, 환원제 침전 모발의 신장은 명확하게 볼 수 있지만 습윤모와 환원제 침전된 모발에서는 거의 볼 수 없다.

그리고 환원제에 침전시킨 모발에는 약간의 힘으로도 길게 늘어짐으로써 고무탄성이 상당히 증가한다. 결국 건조모는 가소성이 있고 습윤모와 환원제에 침전모는 가소성이 거의 없어 쉽게 탄성됨을 알 수 있다. 물과 펌 제1제는 측쇄 결합을 절단하여 케라틴 분자의 운동을 좋게 하고 고무탄성을 크게 해서 탄성한계를 끌어내려 소성변형을 일으키는 것을 어렵게 만든다.

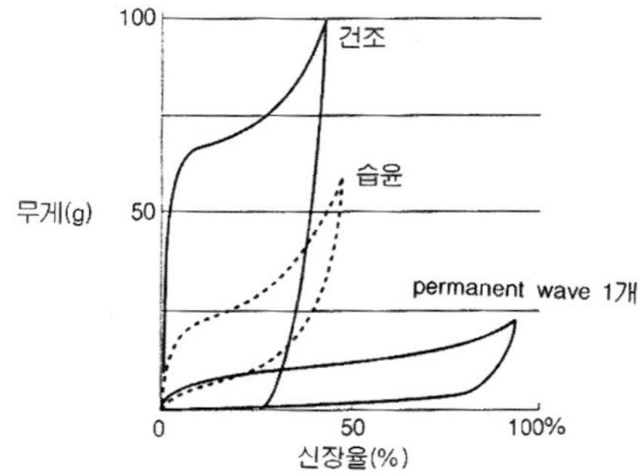

〈그림 153〉 처리 조건과 가변성

7. 모발의 감촉

보통 모발을 만졌을 때의 감촉인 촉진과 눈에 의한 관찰인 시진에 따라 모발의 상태를 판단하고 있다.

〈그림 154〉에서 3개의 곡선 OA, OA′, OA″ 에는 경사(탄성율)의 대소가 있다. 그림의 경사가 급하면 급할수록 동일하게 늘어나는 큰 힘이 필요하게 된다. 모발을 가볍게 쥐는 경우 늘어나기 쉬운 모발이 부드럽게 느껴지는 것이기 때문에 OA, OA′, OA″, 즉 건조모, 습윤모, 환원제 침전된 모발 순으로 부드럽게 느껴지는 정도가 크게 된다.

모발을 강하게 쥔 경우에는 경사뿐만 아니라 입상선의 길이가 짧으면 부드럽게 느껴지는 것이기 때문에 환원제로 처리한 모발은 역시 부드럽게 느껴지게 된다.

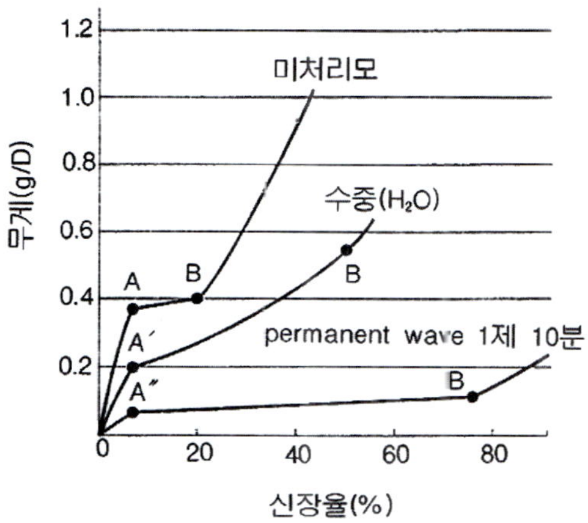

〈그림 154〉 모발의 무게 신장곡선

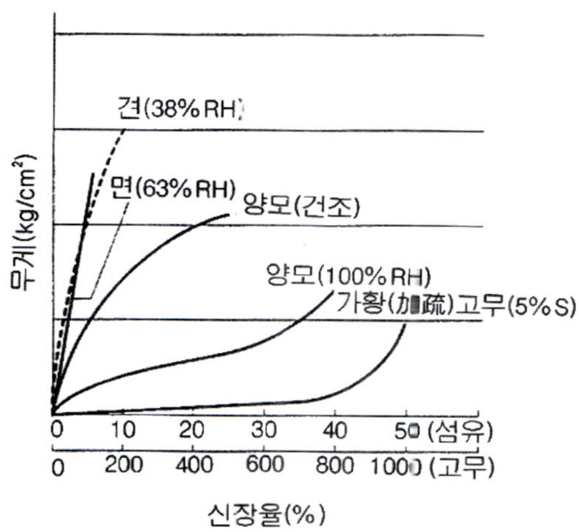

〈그림 158〉 실제의 예(RH: 상대온도 S: 유황 함유량)

8. 모발의 세트

모발은 구부렸다가 손을 떼면 바로 원래의 형태로 되돌아간다. 이는 모발이 원래의 상태를 가지는 것으로서 내재력인 탄력성은 케라틴 측쇄 결합의 절단과 재결합이 갖는 입체구조에서 유래한다. 모발의 화학적, 물리적 처리는 결정탄성이 갖는 일시적으로 단단함을 약하게 고무탄성이 갖는 유연함을 강하게 변형시킨 후에 다시 원래의 단단함으로 회복시킨 변형인 가소성화는 'set'의 상태가 된다. 세트는 그 원인과 성질에서 응집 세트, 일시적 세트, 영구 세트 등으로 나눌 수 있다.

1) 응집 세트(Water set)

모발을 물에 적시어 자연적인 건조에 의해 얻을 수 있는 set로서 물과 공기 중의 수증기로 간단히 늘어지게 한다. 이 세트는 물에 의한 수소 결합의 절단과 건조에 의해 재결합이 주원인이 되고 있다. 쉽게 절단되는 수소 결합의 절단과 재결합은 힘이 약한 세트, 의류의 주름, 모발의 잠버릇 등이 응집 세트와 유사한 현상을 갖는다.

2) 일시적 세트(Temporary set)

미용실에서의 웨트 헤어 스타일링은 일시적인 고정이다. 이 고정은 물에 절단되기 어려운 수소 결합도 물과 열의 작용에 의해 일부가 절단, 재결합됨으로써 얻을 수 있다. 응집 세트보다 강하게 세트력이 형성되나 수분에 의해 소멸되는 것은 응집 세트와 동일하며 건조 온도가 높은 편이 강한 세트력을 얻을 수 있다.

3) 영구 세트(Permanent set)

일시적인 고정에서는 절단되지 않는 측쇄 결합을 절단 재결합함으로써 얻을 수 있는 안정된 세트이다. 측쇄 결합의 절단은 고온의 물에서 장시간 적시면 얻을 수 있지만 가교 절단제를 사용하면 저온 또는 단시간에 목적을 이룰 수 있다.

예를 들면, 염결합의 절단제로서 알카리제를 사용하면 열의 병용에 의해 안정된 새로운 가교가 되고 세트가 안정된다. 알카리와 시스틴 결합절단제(아황산염)를 첨가한 것으로 처리하는 방법인 열 펌제(heat permanent wave), 열을 병용하지 않고 상온에서 진행되는 화학 작용에 의한 방법이 상온 펌제(cold permanent agent)이다. 또한 일시적인 세트와 영구적인 고정을 명확하게 구별할 수 없기 때문에 세트를 보호하는 시간의 장단과 안정성에 의해 구별된다.

7

제VII장 모발의 손상 · 진단 · 처치

미생물의 발육을 억제시키는 방법 또한 비듬의 탈락에 있듯 두개피에 상처나 염증 질환 또는 탈모 증상 등이 있으면 임상시술을 피해야 한다. 한선에서 분비되는 땀은 염분, 젖산, 요소로서 pH4~6.8이며 미생물이 두개피 표면에 기생하는 것을 방어한다. 모단위 피지선을 디루고 있는 피지는 인체의 땀과 섞여서 산성막을 형성한다. 이 산성막은 모표피를 감싸 모발간 마찰을 줄여주며 윤기와 광택을 제공한다.

1. 두개피의 기초지식

각질화 되고 생명력이 없는 두개피내 모발의 모간은 단백질, 수분과 염색소 또는 무기질, 탄수화물과 지질 혹은 지방으로 구성되어 있다.

1) 모발 손상

(1) 일상적 손질에 의한 손상

일상 빈번하게 행하는 샴푸, 타월드라이, 브러싱, 빗질 등 모발끼리 마찰에 의해 자극을 받게된다.

① 타월 드라이

샴푸 후 모다발을 타월에 감싼 후 두드려서 건조시켜야 하나 비벼서 손질하는 경우 팽윤되어 있는 모발간 ㅂ 늘층이 부풀어 비늘층 가장자리가 바스러져 떨어질 수 있다.

② 샴푸

거품이 풍부하지 못한 상태에서 씻으면 모발간 마찰이 크게 된다. 거품은 오염을 제거해 줄 뿐만 아니라 쿠션 역할에 의해 모발간 마찰을 막아준다.

③ 빗질

무리한 브러싱이나 빗 사용 시 정전기적 마찰에 의해 손상을 준다

④ 블로우 드라이어

모발을 역으로 강한 바람을 주었을 때 모표리의 박리를 가져다 준다.

⑤ 과도한 열 또는 자외선

과도한 블로우 드라이어나 컬 아이론, 프레싱 등을 이용 시 모발 케라틴을 변성시키거나 모발 구조를 절단 분해시킨다.

⑥ 모단면 절단

컷트 시 틴닝이나 레이저 등 칼날이 정비되지 못한 도구를 사용 시 모발단면의 절단면에 모발 미세구조의 유출이 형성된다.

(2) 화학 처리에 의한 손상

과도한 탈색 또는 염모, 펌 등을 시술할 때 모질에 대한 용제의 잘못된 선정이나 시술 미숙 등과 시술 후 모발 처리 미숙에서도 손상을 초래한다.

(3) 환경에 의한 손상

음식물의 중금속 오염이나 대기 중의 배기가스로서 유황산화합물, 질소산화물과 오염물은 모발의 생리 및 형태의 손상 또는 축적을 가져옴으로써 탈모를 유발한다.

(4) 생리적 요인에 의한 손상

호르몬 불균형 및 편식, 다이어트, 스트레스 등은 모발 성장과 미세 구조 형성에 지장을 초래한다.

2) 모발 손상에서의 진단

(1) 물리적 손상에서의 진단

① 감성적 진단

시진, 촉진 시 모발에 광택과 윤기가 없으면 탄력성 및 기모, 빗질 등이 잘 되지 않는다. 이는 개인차를 비교함으로써 느낌에 따라 평가된다.

② 마찰 저항 진단

모표피의 손상이 클수록 마찰 저항은 크게 된다.

③ 인장 강도 진단

모발섬유에 외력을 가할 경우 모발 내 모피질에서의 인장 강도가 크다. 손상도 만큼 신장 또한 비율이 크며 적은 무게에도 잘 절단된다.

④ 팽윤도 측정

모발의 수분 흡수량을 모발의 중량 증가로 조사된다. 일반적으로 건강모일 경우 15% 전후 중량이 증가하지만 손상된 만큼 중량 증가는 크게 된다.

(2) 화학적 손상에서의 진단

① 알칼리 용해도

알칼리 처리된 모발은 모표피 손상과 함께 중량이 감소된다. 이는 모피질 내의 간층물질이 알칼리 용액에 용해되어 모표피의 손상을 통해 유출되기 때문이다.

② 아미노산 조성변화

손상도가 큰 모발은 시스틴결합 양은 감소되나 시스테산은 증가한다.

3) 두개피부 진단

두발과 같이 두개피부의 관찰이 무엇보다 중요하다. 콜드 웨이브 로션인 제1제를 모발에 도포하면 용액이 두개피부에 떨어지거나 묻기가 쉽다. 이때 특히 두개피부와 발제점(hair line)에 부착된 용액은 염증을 유발시킬 수 있는 원인이 된다. 사전에 올리브유와 두개피용 보호 크림을 도포함으로써 두개피부를 보호할 필요가 있다. 손상된 두개피부나 지루성 두개피부염이 발병되어 있는 경우 헤어 스타일을 위한 화학용제 처리는 염증 증상을 더욱 조장시킨다. 건조성과 예민성 두개피부 등은 화학용제 처리 후 비듬을 더욱 유발시킨다. 두개피부 표면은 땀샘과 지방샘에서 분비되는 화합물로서 pH는 4.5~5.5 산성막 상태일 때 피부와 두개피가 동일한 최적의 상태임을 나타낸다. 두개피에 상처나 염증질환 또는 탈모 증상 등이 있으면 시술을 피한다. 시술했을 경우 화학제가 스며들어 염증이 일어날 수 있으며 심하면 탈모 현상을 일으킨다. 한선을 통하여 분비되는 땀은 염분, 젖산, 요소 등은 pH 4.0~6.8로서 미생물이 두개피부 표면에 기생하는 것을 방어하나 미생물의 발육을 억제하는 또 다른 요인은 비듬의 탈락을 들 수 있다.

4) 두개피 내 모발진단

〈그림 156〉 split end

모발 상태의 표현으로서 일반적으로 건조모(dry hair), 다공성모(porous hair), 민감모(sensitized hair), 손상모(damaged hair), 부서지기 쉬운 모(brittle hair), 저항모(resistant hair) 등으로 분류시킬 수 있다. 각질화 되고 생명력이 없는 두개피부에 부착된 모발이라 해도 단백질, 수분, 염색소 또는 무기질, 탄수화물과 지질의 생화학물질임으로 두발 제품이나 환경과 두발 손질 등에 의해 영향을 받을 수 있다.

이러한 손상은 과도한 열처리나 스타일링 기구의 사용으로서 모발 내 발포(blistering)와 균열을 형성시킨다. 가장 빈번히 일어나는 모표피 손상 중의 하나는 마모된 모표피 상태이다. 특히 웨트 헤어 스타일링 시 모다발을 잡아당길 때로서 젖은 모발이 건조 모발보다 약하므로 시술 시 주의해야 한다. 마모되고 부서진 모표피는 고무줄이나 꽉 조이는 헤어 클립과 땋은 머리형(Chair do)에 의해 더욱 손상이 가중될 수도 있으며 롤러를 이용 너무 단단하게 모발을 마는(winding or wrapping) 것도 마찬가지다. 모발 끝의 갈라짐은 모표피에 금이 가는 것에서부터 시작하여 결국은 부서지거나 모피질 다발(corticle bundle)에 까지 영향을 미치므로써 끝이 갈라진 모발을 잘라내지 않으면 연쇄적으로 더욱 심하게 갈라진다.

동일한 사람의 모발에서 두개피 내 부위에 따라 또는 생육 발생 당시의 영양 상태나 신체 조건에 의해 한 가닥의 모발에서도 근원, 중간, 모선의 각 부분에서의 굵기가 달라짐으로써 모질도 달라진다. 손상은 외견상 모표피가 찢어졌거나 끊어진 도발로서 나타내나 내적으로는 모발을 구성하고 있는 성분 파괴와 유실에 따른 탄력 감소 등으로 진단할 수 있다.

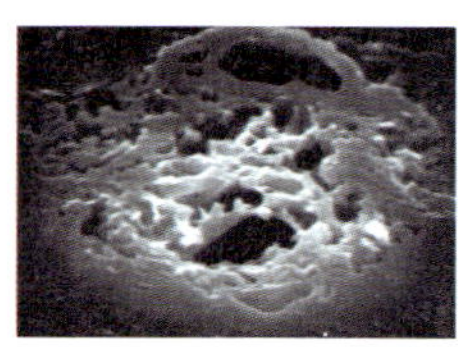
〈그림 157〉 다공성모

① 다공성모(porous hair)

약간의 모다발을 잡아서 모간 끝에서 모근으로 역방향인 두개피부 쪽으로 손가락으로 밀어 봤을 때 밀려서 나가는 모발의 양이 많으면 다공성모로 볼 수 있다.

- **다공성모의 특징**
  - 펌제나 염모제의 흡수율과 침착율이 빠르다.
  - 샴푸 시 건조 시간이 길다.
  - 곱슬모가 직모보다 수분 보유력이 적다.
  - 자외선 또는 염소수에 자주 접한 모발은 다공성이 크다.

- **다공성모의 역할**

  모발의 수분 및 용액 흡수 능력 측정의 지표로 이용된다.

② 저항성모(resistant hair)

모표피 세포 수 뿐만 아니라 비늘층간 간격이 좁게 밀착되어 물이나 제품의 흡수력이 약하다. 물리적인 진단 방법으로서 모발에 물을 분무했을 때 흡수되는 것보다 흘러내리는 양이 많다.

③ 모발의 질(texture of hair)

모발 가닥의 크기나 직경이 갖는 모발 감촉으로서 곱슬 모발(curly hair), 직모(straight hair), 두꺼운 모발(thick hair), 가는 모발(thin hair), 두껍고 다소 뻣뻣한 모발(coarse hair) 등이 갖는 모질을 나타낸다.

④ 모발의 탄력성(elasticity of hair)

손상모는 거의 탄력성이 없으므로 손상 정도를 평가하는 방법으로서 모발을 늘렸을 때 다시 원상태로 돌아가는 성질 즉, 신축도를 나타낸다. 탄력이 좋은 모발일수록 염색 또는 펌이 오래 지속된다.

⑤ 모발의 밀도(density of hair)

같은 면적 안에 모발의 수가 많으면 밀도가 높은 것으로서 굵은 모(thick hair), 얇은 모(thin hair), 숱이 적은 모(fine hair), 숱이 많은 모(dense hair), 드문드문 난 모발(sparse hair) 등은 모발의 밀도를 표현한다.

⑥ 모발의 두께

모발을 전체적으로 보았을 때 두께의 차이는 식별하기 어렵다. 마이크로게이지 또는 마크로메타(macrometer)를 이용 측정시키면 수치가 나온다.

⑦ 모발의 고착력

성장기 시의 모근은 모낭 안에 고착되어 있다. 모근을 싸고 있는 가장 아래층의 외모근초와 내모근초 내면은 서로 밀착되어 있고 모구 기저에는 모유두가 형성되어 서로 분리가 잘 되지 않는다. 한 가닥의 모발을 뽑기에는 평균 50g의 힘이 필요하다.

⑧ 모발의 경도

일반적으로 모발은 색이 검고 굵으면 무거우며 색이 엷고 가늘면 가볍다. 또한 모표피의 비늘 층이 많으면 무겁고 얇으면 가볍다.

⑨ 모발의 흡습성

모발은 습도의 변화에 아주 민감하다. 건강모는 10~15%의 수분을 함유하며 손상모가 되면 10% 미만이 된다. 모발 최대 흡수량은 35%로써 모발이 손상될수록 흡습량은 더욱 커진다. 이러한 성질을 응용하여 습도 온도계나 흡착제로서 이용하기도 하며 시술 시 염색제, 탈색제, 펌 용제 등의 사용 농도를 요구하기도 한다.

⑩ 모발의 열변성

모발은 열에 강하나 건조열과 습열 등의 상태에 의해 달라질 수 있다.

- 건열
  - 130℃ 전후에서 팽창된다.
  - 140℃에서 모수질 내의 기포가 팽윤된다.
  - 180℃ 이상에서 모피질이 팽윤한다.
  - 200~240℃에서는 기포의 일부분이 파열된다.
  - 270℃ 이상이면 탄화가 시작된다.

- 습열
  - 100℃ 전후에서 시스틴이 감소된다.
  - 130℃에서 10분간 열을 가하면 α케라틴이 β형으로 변성한다.

⑪ 모발의 광학적 성질

모발에 영향을 주는 적외선(열선, 물체에 닿으면 열을 발생)과 자외선(도르노선, 화학선)이 있다. 모발 케라틴은 과도한 자외선에 의해 케라틴 변성인 모발의 시스틴 함량이 줄어들거나 멜라닌 색소가 파괴되어 모발 손상과 탈색이 유발된다.

2. 모발 손상 요인

모발은 펌, 염색 등 환원제와 산화제의 사용 부주의에 의한 손상과 자외선, 다이옥신 등 지구 환경 변화에 의해서도 손상 요인이 된다. 강도가 약한 모발은 지모, 절모 등의 원인이 되거나 그밖에 병 치료를 목적으로 하는 투약에 의해서도 모발은 손상이 발생된다.

1) 화학적 손상

(1) 펌에 의한 손상

모질에 맞지 않는 환원제의 과잉 반응과 산화제의 도포, 방치 타이머 등 조작이 부적절한 경우 모발은 제1제로 환원된 그대로의 상태에서 모발 가소성이 회복되지 않기 때문에 모표피가 손상될 뿐만 아니라 모발 내부 물질의 유실에 의해 탄력이 없어지고 약해져서 손상으로 진행된다. 로드(rod)제거 후에도 세발이 불충분함으로 인해 모발 가운데 알칼리 또는 산화제가 잔류된 채로 있으면 케라틴 단백질의 변성또는 멜라닌 색소의 퇴색을 일으킨다.

(2) 축모 교정에 의한 손상

웨이브 펌된 모발이나 축모를 직모로 교정시키기 위해 판넬(panel)을 사용 모다발을 팽팽히 무리하게 붙이면 도발 단면 변형과 함께 장시간의 용액 방치에 의해 모발 내 성분이 유실된다. 축모 교정 시 200℃ 이상 고온 프레스 기기로의 처리 방법에는 필요 이상 압력을 동반함으로 인해 모발 단면의 편평화와 모발 내 단백질의 변성에 따른 모발 탄화를 가져다 준다. 동시에 연화 상태에 따른 문제점으로서 오쏘 피질은 알칼리의 환원제에 대해서 반응이 빠르나 파라 피질은 작용이 느리다. 그러나 모표피의 연화에 의한 굴곡을 제거하기 위해 필요한 시간은 파라 피질에 맞추므로 필요 최저의 시간이 방치되면 알칼리제에 반응하기 쉬운 오쏘 피질은 제1제에 의한 오버 타임이 되어버린다.

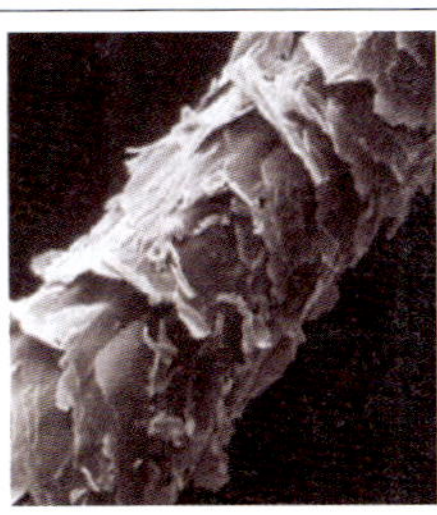
〈그림 158〉
펌에 의한 손상

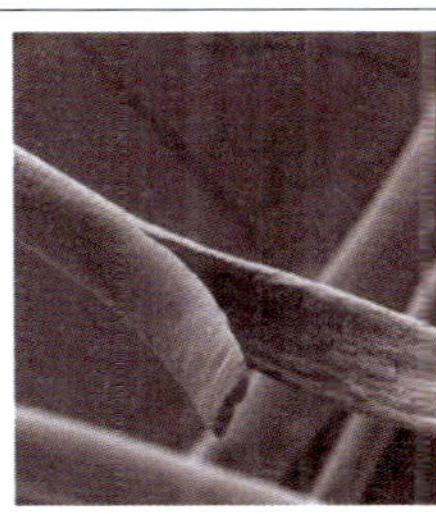
〈그림 159〉

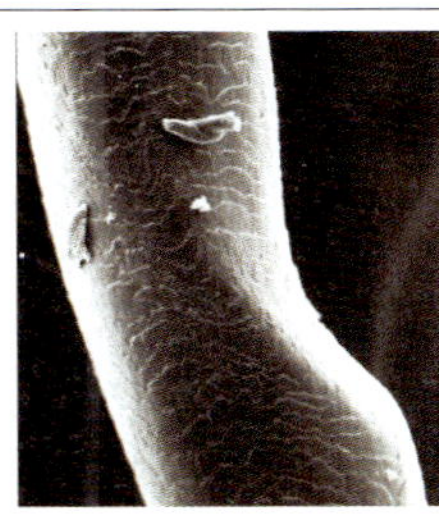
〈그림 160〉

축모 교정에 의한 손상

(3) 염 · 탈색에 의한 손상

염모제와 탈색제 성분 중 알칼리제 외에도 단백질을 분해하는 과산화수소는 산화염료의 색소를 발색시키는 것과 함께 모발 색소의 탈색 작용에 필요한 물질이다. 단기간에 시술 처리된 모발은 팽윤 · 연화가 반복됨으로써 모표피가 왜곡되기도 한다.

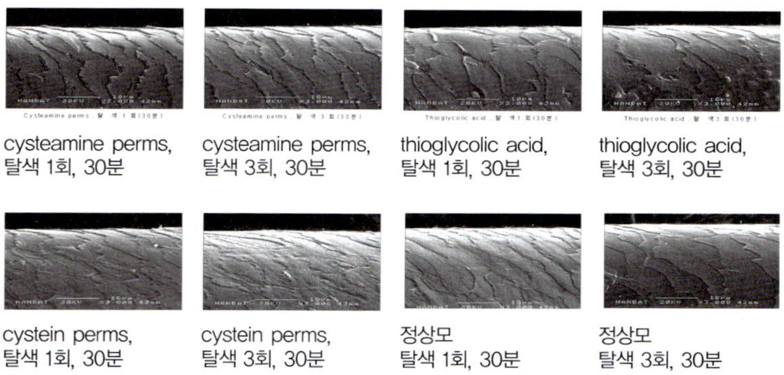

〈그림 161〉 탈색에 의한 손상

(4) 일광에 의한 손상

태양 광선은 파장의 길이에 따라서 적외선, 가시광선, 자외선의 3개로 대별된다. 이중에서 모발에 영향을 주는 것은 적외선과 자외선이다. 적외선은 열선으로서 물체에 닿으면 열을 발생시킴으로서 심하면 모발 케라틴 단백질이 손상을 받게 된다. 더욱이 영향이 큰 것은 자외선으로서 이는 화학선이라 부르고 열을 느낄 수는 없지만 강한 자외선을 받으면 비늘층의 박리뿐만 아니라 모피질 내 단백질 변성을 일으킨다.

2) 물리적 손상

(1) 마찰에 의한 손상

모발의 표면은 외부의 자극을 충분하게 막아내는 구조이나 빈번하게 행한 샴푸, 타올 드라이, 빗질 등에 의해 모표피가 강하게 자극을 받기도 한다. 예를 들면 거품이 나지 않는 상태에서 샴푸와 무리한 빗질 등은 모표피의 손상에 따른 박리가 일어나면서 박리된 부분에서 확대와 함께 손상이 모피질의 노출을 유도시킨다.

모발간의 엉킴을 풀 수 있는 물리적 방법은 가장 간단한 빗질(combing)과 브러싱(brushing)이 있으나 과도한 빗질 또는 층 구조와의 역행된 빗질(back combing)은 비늘층 구조를 벗겨내는(strip) 박리 현상을 가져다준다. 박리에 의한 모표피의 손상은 연이은 내부 모피질 층을 노출시키고 노출된 모피질의 분열은 간충물질을 유출시켜 모발 손상을 초래한다. 모표피 손상의 가장 단초적 원인은 깨진 비늘 가장자리 때문으로서 이는 보통 두개피부로부터 몇 cm 떨어진 곳에서 주로 발견되기도 한다. 이유는 빗질, 샴푸 등 정상적인 관리 행동의 결과이기도 하지만 이를 계기로 풍화 또는 물리적 손상이 제공된다.

(2) 열에 의한 손상

모발 단백질은 열에 약하지만 피부보다는 강한 저항력이 있으며 그 한계점은 150℃ 정도이다. 모발은 보통 10~15%의 수분을 함유하고 있지만 가열하면 이들의 수분이 증발 건조되어 감촉이 악화된다. 더욱이 130~150℃ 이상의 열을 모발에 가하면 팽창하여 변형을 일으키는 외에 검은 모발의 경우 다갈색으로 변색된다. 또한 모피질 및 모수질 중에 기포가 생기기 시작하여 모발에 탄력이 없어지게 되어 위태롭게 된다. 250℃ 전후 컬리 아이론이 약 1분간 모발 표면에 닿으면 그 부분의 모표피는 녹게 된다.

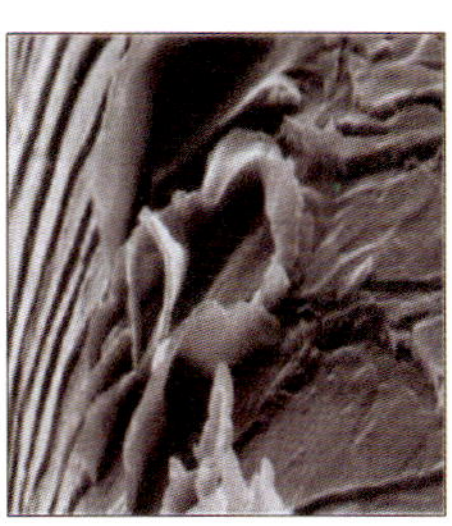

〈그림 162〉 백 코밍에 의한 손상

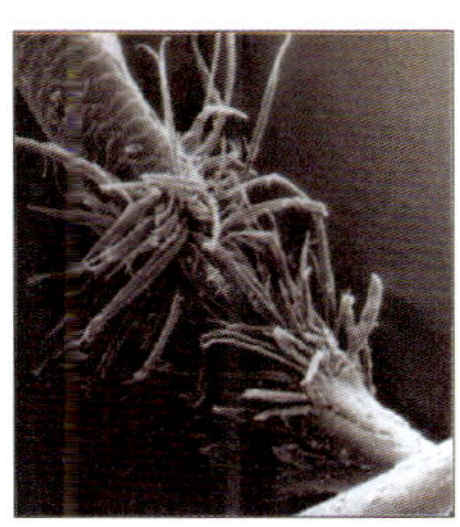

〈그림 163〉 blow dryer에 의해 꺾인 모발

(3) 커트에 의한 손상

거친 날의 가위로 절단된 모발 단면과 면도날을 이용 롱 테이퍼링 컷된 절단면은 모피질의 방향이 나타나는 범위가 넓어 단백질의 유실과 수분의 증발에 의해 기모와 열모가 형성된다.

(4) 물리적 변형

모발은 고무줄을 이용하여 강하게 묶여지거나 강한 클립 등으로 장기간 눌려진 압력에 의해 모발의 일부가 굽어져 변형이 일어난다. 모발이 연화 상태일 때 강하게 묶으면 변형이 현저하게 나타나고 동시에 그 자리에 매일 묶는 것에 의해 더욱 더 심하게 변형을 일으킨다.

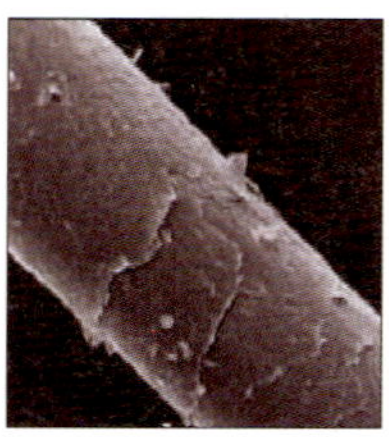

〈그림 164〉
rubber에 의한 손상

〈그림 165〉
razor에 의한 손상

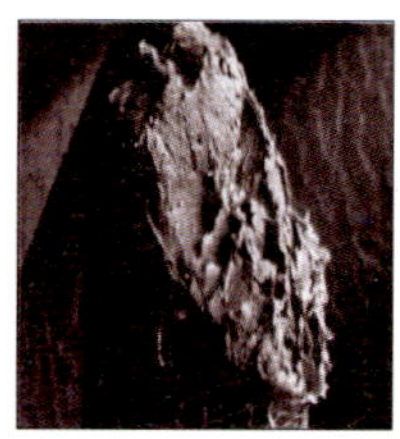

〈그림 166〉
scissors에 의한 손상

(5) 코팅제에 의한 손상

본래 모발 수분량은 습도 등에 따른 자연스러운 조절에 의해 10~15%의 수분량을 포함하고 있다. 실리콘류가 첨가된 강력한 코팅제는 이 습도에 대한 수분량 조절에 지장을 주며 특히 모발 표면을 완전히 덮어버리기 때문에 일단 건조한 모발은 공기 중에서 보다 수분을 쉽게 흡수하는 것이 곤란하여 결과적으로 모발 내부의 단백질을 변성시키기도 한다.

(6) 유분에 의한 손상

핸드 드라이어의 열에 의해 가온 냉각을 반복하면 융점이 낮은 기름 등은 산화되기 쉬워 결과적으로 모피질 내부의 단백질이 산화된 유분과 함께 유실된 모발에서 내부적 손상을 끼친다.

(7) 스타일링제에 의한 손상

스타일링을 유지하기 위한 왁스에는 손상 부분에 매끄러움을 주기 위한 스타일을 유지하기 위한 형태를 만드는 타입, 모발끼리의 매끄러움을 감소시켜 마찰 저항을 이용하는 타입이 있다. 이 경우 왁스를 씻어 없앨 때 쉽게 샴푸로 제거되는 것과 쉽지 않는 경우가 있다. 모발에 미량 남아 있어서 매끄럽지는 않지만 그것이 연마제와 같은 효과를 나타내어 인접해 있는 모발의 마찰 저항 값을 높일 때 모표피의 손상을 더 심하게 할 경우도 있다.

3) 건강적 요인에 의한 손상

(1) 식사에 의한 손상

모발을 구성하는 단백질(대두, 멸치, 어우, 우유, 고기, 계란 등)을 균형있게 섭취하는 것이 중요하며 이외에 바이타민과 미네랄(특히 철, 아연 등)도 필요하다. 바이타민 A, D는 피부를 강하게 하여 비듬과 탈모를 막아주며 탈모 후 모발 재생에 대해 효과가 있다. 식물성 기름인 리놀산은 낙화생, 참깨, 사라다유 등에 포함되어 있어 섭취 시 모발에 광택을 주며 다시마와 미역 등의 해초에는 모발의 영양분이 되는 철, 요오드, 칼슘이 다량으로 함유되어 두개피부의 신진대사를 높여주는 효과와 함께 요오드는 갑상선 호르몬의 분비를 촉진시켜 모발 성장을 도와준다.

(2) 투약에 의한 손상

질병 치료를 위해 투여하는 약의 경우 질환에 필요한 약도 다른 건강한 부분에는 불필요하고 유해한 경우도 있다. 모유두의 모세혈관을 통하여 여분의 물질을 흡수함으로 인해 탈모 등의 영향을 직접 받는다.

4) 환경에 의한 손상

특히 대기오염이 인체 생리에 따른 모발에 주는 영향으로서는 공장의 연소가스와 자동차 배기가스 중 유황산화합물(SO_2, SO_3), 질소산화물(NO, NO_2) 등에 의한 화학적 손상이다. 또한 대기 중의 티끌, 먼지 등에 의한 모표피의 물리적 손상을 들 수 있다.

3. 모발의 진단

모발이 갖는 성질 · 형상 · 손상의 유무를 촉진과 시진으로 관찰하거나 기구를 사용하여 진단하는 방법 등이 있다.

1) 감각에 의한 진단

지모, 절단모, 모표피의 상태, 색 · 감촉의 좋고 나쁨, 필링의 유 · 무, 굵고 가늘음, 연하고 강함, 탄력과 건조의 유무 등은 감각을 통해 모질을 판단시킨다. 모발의 개인차는 "광택이 없다, 기름기가 없다, 끈기가 없다, 기모가 많다, 빗질이 잘 되지 않는다"라고 하는 느낌에 따라 평가됨으로써 건강한 모, 어느 정도 손상된 모 등을 표준형으로 비교함으로써 개인차 정도를 진단할 수 있다.

2) 기구에 의한 진단

모발의 굵기를 육안으로 관찰할 경우 밝은 색소 모발은 가늘어 보이며 짙은 모발은 굵게 보이므로 감각적 현상에 의한 판단은 정확을 기할 수가 없다. 또한 기구를 사용할 때도 측정하고자 하는 모발의 환경, 부위 등에 따라 숫적인 차이가 있으므로 모발에서의 특성을 이해하는 기구를 유효하게 활용하는 것이 중요하다.

(1) 모경의 판정

여성의 모발 직경은 대략 0.05~0.12㎜(50~120μ)로서 평균적 굵기는 0.08~0.09㎜이다. 이른바 연모는 0.05~0.06㎜, 경모는 0.1~0.12㎜, 가는 모발일수록 모량이 적게 보이며 버릇모인 축모의 단면은 타원형이기 때문에 직경이 짧은 단경과 장경이 계측되기 쉽다. 모계(毛計)의 판단에 의해 롤러에 따른 당기는 힘과 탄력을 조절하는 배려가 필요하다.

(2) 수분량의 판정

〈그림 167〉 원심분리기

모발 수분 흡수량은 모발의 중량 증가로 조사할 수 있다. 일정한 온도, 습도하에서 모발을 일정시간 침전시킨다. 다음으로 모발을 원심분리기(centrifuge)로 부착되어 있는 수분을 제거하고 모발 내부에 흡수된 수분의 중량을 측정한다. 일반적으로 건강한 모발의 경우는 15% 전후 중량이 증가되지만 손상된 만큼 증량 증가가 크게 된다. 모발의 수분량은 전기의 전도율로 조정되는 일이 가능하다. 건조한 모발의 수분량은 10% 이하이나 수치가 15% 이상의 모발은 지성모라 한다. 손상모일수록 건조되기 때문에 수분을 흡수하기 쉬워 습도가 높은 날은 모발이 수분을 흡수해 무거워지고 볼륨이 없어지는 동시에 스타일 유지가 어렵다. 손상고에 단백성분을 보충하기 위해 유지를 도포하는 경우에도 무거워진다. 직사일광에 장시간 노출된 모발의 수분량은 적으나 장마철과 비 오는 날 수치는 커지므로 측정 전 환경 조절뿐만 아니라 실내에서는 30분 이상 경과 후에 측정해야 한다.

(3) 손상모의 판정

손상 정도에 대해서는 거의 시술자 경험에 의한 느낌으로 판단되어지는 실정이나 모발 손상에 대해서는 세발, 빗질, 펌, 염모 등에 의해 건강한 모발도 다음과 같이 손상된다. 손상도와 비례해 알칼리에 대한 저항력이 약해지고 같은 품질의 펌 용제와 염모제를 사용하여도 반응과 작용은 달라질 수 있다. 샴푸 후 헤어 드라이어로 건조시켜 모표피의 거칠기 감촉을 통해 판정하는 일상적 방법이 가장 간단하지만 객관적으로 모발의 강도, 신도 등을 통해 판단하기도 한다.

① 인장 강도에 의한 판단

모발에 서서히 힘을 가하면서 힘의 무게에 따른 늘어남과의 관계를 그 모발의 단위 면적으로 산출하여 기록하고 있다. 이때 모발 내부 구조인 모피질의 변화로서 산출된다. 손상도만큼 늘어나는 비율은 크고 적은 하중에도 끊어지므로 건강모는 신장율이 일정하고 파단 중량도 크다고 볼 수 있다.

② 신도에 의한 판단

신도의 대소는 다양한 모질의 기준이 되며 모발을 잡아당겨서 늘어나는 시점에서 원래의 길이와 비교해 어느 정도의 비율로 늘어났는가를 지수인 %로 표시한다. 건강모는 50% 전후로 늘어나므로 무리하게 잡아 당겨진다. 케라틴 분자의 측쇄가 절단된 모발의 신도는 높은 수치로서 예를 들면 수분 함유량이 많으면 케라틴의 수소 결합이 느슨해져 신도는 55°이상으로 된다. 또한 높은 실내 습도가 수치(값)를 높게 나타내므로 측정 시의 습도에 주의를 요한다. 왜냐하면 습도 50~60%의 상대습도에서는 거의 변화가 없다. 모발의 pH가 알칼리성일 때 염결합이 약해져 신도는 큰 값으로 나타난다. 모수질과 신도의 관계에서 모수질이 연속해 있는 모발, 단속(斷續)적인 모발, 존재하지 않는 모발, 굵은 모발, 가는 모발 등에 따라 모질은 달라지나 모수질이 굵고 연속되어 있을 때 신도의 수치는 크게 나타나고 가늘며 단속적인 모발의 신도는 적은 수치로 표시된다.

펌과 염모된 모발에 따른 시스틴의 감소는 모발 내부의 단백질에 영향을 미치기 때문에 신도는 60% 이상으로 되지만 되풀이하면 탄력에 손상이 많이 가며 반대로 신도가 저하된 것은 수분 부족에 따른 건조에서 시작한다. 다음으로 케라틴 단백질의 경화로서 산성응고와 열변성에 의해 점차 저하되지만 신도가 40% 이하인 경우 형태 손상으로서 모표피의 박리에 따른 손상이 진행되고 있음을 나타낸다. 임신, 산후의 경우와 같이 염모된 모발에서 샴푸와 브러싱의 반복은 강도 저하와 동시에 신도 30% 이하 수치는 형태적 손상을 일으킨다.

(4) 광학현미경에 의한 외부적 진단

광학현미경 또는 전자현미경을 통하여 보았을 때 손상이 없는 모발은 모표피가 깨끗하고 가지런하게 배열되어 있다. 광학현미경(보통의 현미경)을 통하여도 간단하게 진단 가능하다. 샘플 채취의 방법으로서는 더러운 것을 깨끗하게 제거한 수지 또는 건조한 유리판 표면 위에 샘플 모발을 올려놓고 수분을 방치 한 후 모근부에 가까운 끝 부분을 현미경으로 관찰함으로써 모표피의 손상 유무에 대해서 확인할 수 있다.

(5) 광물현미경에 의한 판정

광물현미경의 원리는 광학현미경의 대안 렌즈 부분에 편광 필터가 세트된 것으로서 이를 통해서 모피질 내의 단백질 유무의 관찰이 가능하다. 광물현미경을 통하여 보았을 때 투과된 투명한 모표피에서의 모발 내부 물질이 확인 가능하다. 단백질 성분은 녹색으로 손상 부분은 오렌지와 노란 색에서 관찰된다. 녹색 부분이 많을수록 모피질 내부에 단백질이 존재하고 있는 증거로서 모발 내부는 건강한 상태라고 할 수 있다. 오렌지계로 관찰되는 경우는 단백질 성분이 유실된 손상 모발로서 볼 수 있다. 모발의 중심부에는 어둡게 관찰되는 모수질이 있지만 산모(배냇모)와 유아기의 모발에는 모수질을 확인하는 일은 쉽지 않지만 모발에 있어서 모수질은 연속되어 있는 상태가 가장 이상적이다.

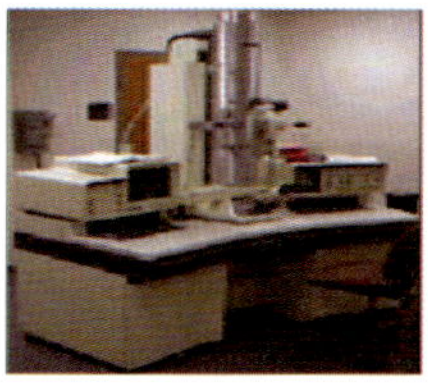
〈그림 168〉 투과전자현미경

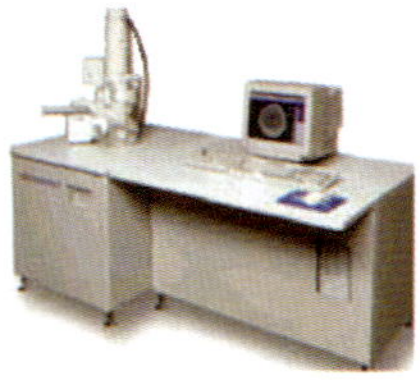
〈그림 169〉 전자현미경

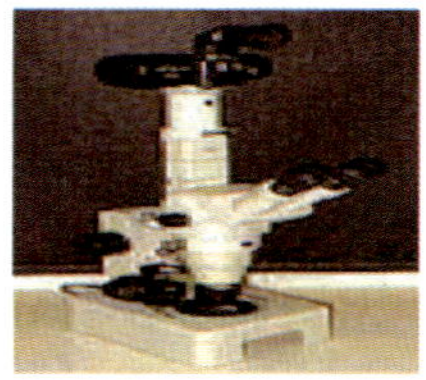
〈그림 170〉 광학현미경

4. 모발 손상에서의 처치

모발에는 자기 회복력이 없다. 외적 · 내적으로 두발용 화장품으로 배합시켜 손상된 모발의 회복 또는 손상되지 않도록 끊임없이 관리해야 한다. 최근 새로운 트리트먼트 성분이 손상의 예방 또는 처치에 효과적이다.

(1) 모표피의 유막형성

모발을 산화 또는 환원 처리하면 모표피는 보다 친수성이 되어 모발 손상을 촉진시킨다. 유막제 성분은 광물성, 식물성, 동물성 등으로 분류된다. 이는 모표피의 마찰 저항을 억제시켜 외부로부터 물리적 손상을 방지하고 광택, 감촉을 좋게 해준다.

(2) 모표피의 수지막 형성

수지를 이용 피막으로서 모표피에 도포된 후 열과 마찰로부터 모발을 보호하고 빗질 등에 의해 부드러움과 광택을 준다.

(3) 모발 간충물질의 보급

모발 미세구조를 구성하는 아미노산 성분과 유사한 물질 등을 모피질에 이용 유연성(softness)있는 모발로 회복시킨다.

참고문헌

- 류은주 외 4인, 『모발관리학』, 서울: 청구문화사, 1995.
- 류은주, 『모발학(Trichology)』, 서을: 광문각, 2002.
- 류은주 · 김종배, 『고발 미용학 가론(Outlines of Trichology)』, 대전: 이화, 2004.
- 류은주 · 김종배 · 진태연, 『인체 모발 발생학』, 대전: 이화, 2005.
- 류은주 · 김종배, 『인체 모발 형태학(Human Scalp Hair Morphology)』, 대전: 이화, 2005.
- 류은주 · 오강수, 『인체 모발 생리학(Human Scalp Hair Physiology)』, 대전: 이화, 2005.
- 한국모발학회, 『두개피 육모관리학(Management of Scalp Hair Growth)』, 대전: 이화, 2006.
- 류은주 · 송지형 · 이재숙, 『Tricholɔgy』, 서울 : 트리콜로지, 2008.
- 김철중, 「퍼머넌트 웨이브제 종류에 따른 모발의 역학적 및 화학적 변화」, 한남대학교 석사 학위논군, 2004.

찾아보기

찾아보기

류은주

이학박사
현) 한서대학교 피부미용학과 교수

오강수

미용예술학 박사
현) 초당대학교 겸임교수, 비전대학 시간강사
오강수헤어두 원장, 피플미용학원 원장

지정훈

미용예술학 박사
현) 호남대학교 뷰티미용학과 초빙교수, 한국미용예술학회 이사
현대미용직업전문학교 강사, 지스헤어뷰티샵 원장

정경숙

현) 삼육보건대학 피부미용과 교수

최영희

서경대학교 경영대학원 경영학박사
현) 건국대학교 피부미용과 주임교수

모발 미용학의 이해

발행일

1판 1쇄 찍음 • 2009년 4월 5일
1판 1쇄 펴냄 • 2009년 4월 10일

저 자

류은주, 오강수, 지정훈, 정경숙, 최영희

펴낸이

정현걸

펴낸곳

신아사

인 쇄

소망인쇄

정 가

15,000원

출판등록 • 1956년 1월 5일 (제9-52호)
서울특별시 은평구 녹번동 28-36번지 2F
TEL : 02)382-6411 • FAX : 02)382-6401
홈페이지 • www.shinasa.co.kr
이메일 • shinasa@chol.com